杭州全书编纂指导委员会

主　任：王国平

副主任：佟桂莉　　许　明　　张振丰　　张建庭

　　　　朱金坤　　董建平　　顾树森　　马时雍

　　　　陈春雷　　王金定　　庞学铨　　鲍洪俊

委　员：（以姓氏笔画为序）

　　　　马　云　　王　敏　　王水福　　王建沂

　　　　刘　颖　　刘建设　　江山舞　　阮重晖

　　　　李志龙　　何　俊　　应雪林　　张俊杰

　　　　陈　跃　　陈如根　　陈震山　　卓　超

　　　　金　翔　　郑翰献　　赵　敏　　胡征宇

　　　　聂忠海　　翁文杰　　高小辉　　高国飞

　　　　黄昊明　　盛世豪　　章根明　　童伟中

　　　　谢建华　　楼建忠　　詹　敏

杭州全书编辑委员会

"杭州河道老字号系列丛书"编纂委员会

主　编：　蓝　杰

副主编：　王　露　　王　昊　　江晓燕

编　委：　王　艳　　冷南羲　　陈璐露　　吴燕珍　　丁云川

　　　　　汪海峰　　吴莉地　　徐海松　　林旭东　　韩弋汀

　　　　　吴继真　　倪月英　　王梅姐　　秦浩楠　　王子信

　　　　　吴永春　　黄建堂　　胡海岩　　吴总路　　庄晓兰

　　　　　王子初　　顾礼江　　夏婧一　　王一彬　　陈　琴

　　　　　苏爱珍　　王子宝　　吴　线　　陈　韵　　谢思露

　　　　　杨家乐　　李　馨　　赵若霖　　裘雪梅　　吴桂霞

　　　　　杨　敏　　康紫巍　　史正言　　吴　霜　　陶苏萌

　　　　　樊心悦　　虞梦佳　　朱姿慧　　李莞宜　　丁皙雅

　　　　　陈舒洋　　郝　江　　范晨晨　　王　晟　　罗大为

杭州全书·运河（河道）丛书

杭州河道老字号系列丛书·日用商品卷

王国平 总主编

蓝杰 主编

一程水路一程货

王露 著

杭州出版社

杭州全书总序

　　城市是有生命的。每座城市，都有自己的成长史，有自己的个性和记忆。人类历史上，出现过不计其数的城市，大大小小，各具姿态。其中许多名城极一时之辉煌，但随着世易时移，渐入衰微，不复当年雄姿；有的甚至早已结束生命，只留下一片废墟供人凭吊。但有些名城，长盛不衰，有如千年古树，在古老的根系与树干上，生长的是一轮又一轮茂盛的枝叶和花果，绽放着恒久的美丽。杭州，无疑就是这样一座保持着恒久美丽的文化名城。

　　这是一座古老而常新的城市。杭州有8000年文明史、5000年建城史。在几千年历史长河中，杭州文化始终延绵不绝，光芒四射。8000年前，跨湖桥人凭着一叶小木舟、一双勤劳手，创造了辉煌的"跨湖桥文化"，浙江文明史因此上推了1000年；5000年前，良渚人在"美丽洲"繁衍生息，耕耘治玉，修建了"中华第一城"，创造了灿烂的"良渚文化"，被誉为"东方文明的曙光"。而隋开皇年间置杭州、依凤凰山建造州城，为杭州的繁荣奠定了基础。此后，从唐代"灯火家家市，笙歌处处楼"的东南名郡，吴越国时期"富庶盛于东南"的国都，北宋时即被誉为"上有天堂，下有苏杭"的"东南第一州"，南宋时全国的政治、经济、科教、文化中心，元代马可·波罗眼中的"世界上最美丽华贵之天城"，明代产品"备极精工"的全国纺织业中心，清代接待康熙、乾隆几度"南巡"的旅游胜地、人文渊薮，民国时期文化名人的集中诞生地，直到新中国成立后的湖山新貌，尤其是近年来为世人称羡不已的"最具幸福感城市"——杭州，不管在哪个历史阶段，都让世人感受到她的分量和魅力。

这是一座勾留人心的风景之城。"淡妆浓抹总相宜"的"西湖天下景"，"壮观天下无"的钱江潮，"至今千里赖通波"的京杭大运河（杭州段），蕴涵着"梵、隐、俗、闲、野"的西溪烟水，三秋桂子，十里荷花，杭州的一山一水、一草一木，都美不胜收，令人惊艳。今天的杭州，西湖成功申遗，中国最佳旅游城市、东方休闲之都、国际花园城市等一顶顶"桂冠"相继获得，杭州正成为世人向往之"人间天堂"、"品质之城"。

这是一座积淀深厚的人文之城。8000年来，杭州"代有才人出"，文化名人灿若繁星，让每一段杭州历史都不缺少光华，而且辉映了整个华夏文明的星空；星罗棋布的文物古迹，为杭州文化添彩，也为中华文明增重。今天的杭州，文化春风扑面而来，经济"硬实力"与文化"软实力"相得益彰，文化事业与文化产业齐头并进，传统文化与现代文明完美融合，杭州不仅是"投资者的天堂"，更是"文化人的天堂"。

杭州，有太多的故事值得叙说，有太多的人物值得追忆，有太多的思考需要沉淀，有太多的梦想需要延续。面对这样一座历久弥新的城市，我们有传承文化基因、保护文化遗产、弘扬人文精神、探索发展路径的责任。今天，我们组织开展杭州学研究，其目的和意义也在于此。

杭州学是研究、发掘、整理和保护杭州传统文化和本土特色文化的综合性学科，包括西湖学、西溪学、运河（河道）学、钱塘江学、良渚学、湘湖（白马湖）学等重点分支学科。开展杭州学研究必须坚持"八个结合"：一是坚持规划、建设、管理、经营、研究相结合，研究先行；二是坚持理事会、研究院、研究会、博物馆、出版社、全书、专业相结合，形成"1+6"的研究框架；三是坚持城市学、杭州学、西湖学、西溪学、运河（河道）学、钱塘江学、良渚学、湘湖（白马湖）学相结合，形成"1+1+6"的研究格局；四是坚持全书、丛书、文献集成、研究报告、通史、辞典相结合，形成"1+5"的研究体系；五是坚持党政、企业、专家、媒体、市民相结合，形成"五位一体"的研究主体；六是坚持打好杭州牌、浙江牌、中华牌、国际牌相结合，形成"四牌共打"的运作方式；七是坚持权威性、学术性、普及性相结合，形成"专家叫好、百姓叫座"的研究效果；八是坚持有章办事、有人办事、有钱办事、有房办事相结合，形成良好的研究保障体系。

《杭州全书》是杭州学研究成果的载体，包括丛书、文献集成、研究报告、通史、辞典五大组成部分，定位各有侧重：丛书定位为通俗读物，突出"俗"字，做到有特色、有卖点、有市场；文献集成定位为史料集，突出"全"字，做到应收尽收；研究报告定位为论文集，突出"专"字，围绕重大工程实施、通史编纂、世界遗产申报等收集相关论文；通史定位为史书，突出"信"字，体现系统性、学术性、规律性、权威性；辞典定位为工具书，突出"简"字，做到简明扼要、准确权威、便于查询。我们希望通过编纂出版《杭州全书》，全方位、多角度地展示杭州的前世今生，发挥其"存史、释义、资政、育人"作用；希望人们能从《杭州全书》中各取所需，追寻、印证、借鉴、取资，让杭州不仅拥有辉煌的过去、璀璨的今天，还将拥有更加美好的明天！

是为序。

2012年10月

运河（河道）全书序

杭州之名，由河而生；杭州之城，依河而建；江南名郡，借河而扬；两朝都城，因河而定；历史名城，倚河而盛。杭州是一座典型的水城，集江（钱塘江）、河（京杭大运河）、湖（西湖）、海（钱塘江入海口杭州湾）、溪（西溪）于一体，面海而栖、濒江而建、傍溪而聚、因河而兴、由湖而名。这种大自然的造化和厚爱，让杭州在中国众多城市中可谓独一无二。

在数千年的杭州建城史中，杭州的经济、文化和社会发展等均与运河河道的畅通息息相关，尤其是京杭大运河在杭州兴起、发展和繁荣的进程中发挥了重大作用。清潘耒《杭城浚河记》对此有生动描述："杭之城，左江而右湖，江潮湍悍不可引，引湖水注城，入自清波、涌金二门，交络城中。由武林、艮山以出，用以疏烦蒸、宣底滞，犹人之有血脉、喉、胃也。"

杭州河流纵横交错，大小湖泊分布其间，水系十分发达。据统计，杭州共有大小河道1100多条，长度合计3500千米，各种湖泊、水荡总面积达16万亩（约合106.67平方千米）。杭州的运河河道多姿多彩，既有延续2500余年历史、世界上规模最大并被列入世界遗产名录的大运河，也有像上塘河、余杭塘河、中河、东河、沿山河、贴沙河等300多条保留至今的主城区河道，还有不少像浣纱河这样因城市建设被湮没的城中小河。这些河流遍布杭城内外，南通钱江，北接大运河，西连西湖，东出杭州湾，使杭州与外界紧密相连。杭州的运河河道也是杭州文明的摇篮，造就了杭州深厚的文化底蕴。千百年来，多少风流人物与杭州运河河道结下了不解之缘，不仅留下了诸多诗文、书画、戏曲和故事传说，而且建造了无数名宅、店铺、作坊、园林、寺观、桥梁、船只等，为后人留下了极其宝贵的文化遗产。

鉴于运河河道的重要地位和作用，历代杭州先民对其疏浚与保护从未停止，如东汉华信修筑海塘、唐代李泌开凿六井、白居易治理西湖，北宋苏轼浚治西湖和运河，以及此后各朝官员、乡土名贤及百姓们也一直努力浚治运河河道。但终因连年战事和国力不济，至20世纪40年代杭州已有不少河道淤塞。中华人民共和国成立以后，随着国力昌盛和人们环保意识增强，杭州于1982年开始对中河、东河进行治理，拉开了市区河道大规模整治的序幕。

迈入新世纪以来，杭州市委、市政府高度重视运河（杭州段）和市区河道的保护与开发。2002年始，杭州围绕"还河于民、申报世遗、打造世界级旅游产品"目标，坚持"保护第一、生态优先、拓展旅游、以民为本、综合整治"原则，连续多年实施大运河（杭州段）综合整治与保护开发工程，八次推出"新运河"，倾力打造具有时代特征、杭州特色的生态河、文化河、景观河，更使中国大运河成功列入世界遗产名录；2007年始，杭州按照"截污、护岸、疏浚、引水、绿化、管理、拆违、文化、开发"方针，全面实施市区河道综合整治与保护开发工程，完成杭州绕城公路以内291条市区河道的综合整治与保护开发，打造"流畅、水清、岸绿、景美、宜居、繁荣"的新杭城，实现百万杭州老百姓"倚河而居"的世纪之梦。

总之，杭州是一座依水而建、因水而兴的城市。千百年来，杭州运河河道不仅滋润了这片美丽的土地，养育了一方百姓，更使杭州的城市文明得以延续和光大，乃至享誉海内外，厥功至伟。

〔翁文杰，杭州西湖风景名胜区管委会（市园林文物局、市京杭运河〈杭州段〉综合保护委员会）党委书记、主任（局长）〕

目　录

日用品老字号与河道文化

一、万家掩映翠微间，处处水潺潺

"烟雨江南群山峨，诗话西湖旧事多。"杭城多山。远眺时山影有如天际一抹黛色。黛色一笔染开，山势连绵起伏。山不高，却清朗俊秀，挺拔若富丽杭城中的潇洒郎君；不险，似碧玉妆成的妩媚佳人，全是江南孕育出的风情温婉。

立于诗意不尽的黛色之上，脚下片片翠意蔓延至远方，顺着这一片绿放眼望去，素有"人间天堂"之称的杭州就在一眼之间。在满眼的江南秀丽中，一弯有形又似无形的身影却成了最浓墨重彩的一笔，那便是——水。

杭城的一年四季，空气中都凝聚着挥之不散的潮意。自古以来的文人墨客，吟唱的杭城诗篇都与水结有难分的情缘。"水光潋滟

河道民居与泊船

晴方好""小桥流水人家"和"杏花春雨江南"都将水视作不可或缺的意象，而"暖风熏得游人醉""吹面不寒杨柳风"这样的诗句，即便略去了对水的描绘，那一片湿润之意也会迎着风扑面而来。

堪称"水城"的杭州地处杭嘉湖平原，南过钱塘江，北接大运河，湖沼星罗、河港密布，溪流—湖泊—沼泽—运河，众多水系交汇连接成网，笼住了整座城市。河道滋润了江南的人文形态和生命情调，这里的生态、气候、地貌和民众的生活艺术都因水而生，由水而和，杭城的一切，似乎都可用水色来形容。淡雅诗意的自然景致因溪流湖泊的点缀而更显清丽；阡陌纵横、良田广布的农家有了沟渠灌溉而显得格外生机勃勃；繁华络绎的商贸往来也在河道的承载下经久不衰。所以说，水之于江南，之于杭州，不单单是一抹诗情画意的风景线，更是渗透到这座城市根本之中的灵魂印记。

在河道的浸润下，杭州从诞生至繁盛的历程是有目共睹的。根据《杭州古港史》记载，约15000年前，杭州还只是一堆沉没于大海深处的石土，这些砾石层在钱塘江古道里堆积了上百万年。在漫长的历史变迁中，还未形成雏形的杭州经历了冲击卵石、黏性土的堆积，后来是净水与洪水的交替沉积，接着被湖沼的颗粒沙土覆盖，随着海涂平原依山伸涨，千万年来江潮冲击、泥沙沉淀，才逐渐有了大地的模样。

渐渐地，这块土地上开始有了人类的印记，一批人在此扎根下来，杭州成为滋养一方人的家园。然而成为居住地的杭州最开始与水的关系却不太理想。未经治理的河流，还未被装点成如今蜿蜒平和的江南水系应有的样式，它们带着大自然的率性和野性，肆意地奔流在山土之间，若至暴雨、潮涨时节，便更显得张扬和霸道。为了给予在这片土地上生活的子女们一方和谐安稳的家园，古时的杭州同水度过了一段漫长的磨合期。

开挖河道和建造河堤是先民治理河流的主要措施。相传早在秦朝，秦始皇便下令开凿河道——如今的上塘河即古运河便是在那时挖成的，及至隋代隋炀帝开凿大运河时，拓宽、疏浚了该条古运河，并称其为"江南运河"。河道的开凿一方面沟通了散落在杭城各处的江流，平缓了水势，减少了旱涝灾害；另一方面便利了交通，使得城内外来往更加便利，更带动了城市的繁荣。不过如此一举多得的治水方法，也有一些弊处。河道连接江湖，共享水流的同时，也不得不承受随潮而来的大量泥沙，于是长此以往，河道淤塞，河床抬升，不但难以再发挥便利交通的效用，反而加重了洪涝的危害。加之水流的侵蚀作用，陆地渐渐被河流侵占，河道之水"每昼夜两次冲激，岸渐成江"，"数千万亩田地，悉成江面"

（钱镠《筑塘疏》）。

为了解决这些弊端，人们开始建造河堤，用土石筑成堤岸，外挡江潮，内防水侵。而开凿、疏浚河道所弃置的泥土沙石，正好可为筑堤所用，二者如此相辅相成，成为一直沿用至今的治水良策。大量修建河道的杭城，与水建立起了更深的羁绊。在流水的滋润下，杭城之名流通八方，而四面之物也通往此处，由此杭州城才愈发出落成一副欣欣向荣之态。

如今来看，杭州主城区水系主要分为五片区：上塘河片、运河片、下沙片、上泗片和江南片。共有大小河道460多条，长度合计1000千米，各种湖泊水荡面积达24平方千米；绕城以内长度1千米以上的河道共291条，约900千米；西部山区丘陵地带，江、河、溪流穿行于山谷、盆地之间，跌宕起伏，水量丰富。两万多座大小水库、山塘星罗棋布于群山之中。这些水系中，或为干流，或为支流；或长，或短；或为历史之河，或为近年新建；或久负盛名，或默默无闻……它们井井有条地蜿蜒于城市的角角落落，共同串起了杭州全城的历史文脉，倒映出江南水乡的动人面容。

货船沿着翻坝的斜坡滑入东河的河道（民国初年）

二、市列珠玑，户盈罗绮，竞豪奢

在水中滋养出来的杭城，呈现出一派古色古香的江南风情，这秀甲天下的风光，使之成为闻名遐迩的中国名城。而它世人皆晓的名声，却不只因秀美风光的加持，还因其自古以来便繁荣兴盛的经贸实力。杭州之所以自古繁盛，自是与水脱不开干系，隋代大运河的建成对于杭州来说更是意义非凡。偌大的中国南北在运河之水的流淌不绝中被连接起来，自此南来北往，商贸络绎不绝。盘踞在运河最南端的杭州城，汲取着运河水的勃勃生机，脱胎换骨般地迅速繁荣起来，一跃成为"东南名郡"。及五代十国时成为吴越国的首都，跻身"古都"行列，至南宋，朝廷南迁，临安（即今杭州）成为实际上的首都，杭州从此成为"大古都"的一员，其政治、经济、文化地位攀升至顶峰，城内一派繁华之姿，百姓众多，

繁华的河道

市井热闹。据美国著名汉学家施坚雅所著《中华帝国晚期的城市》中的统计，南宋末期的临安人口已达120万，成为中国历史上最早攀上人口高峰的"大古都"，那时的杭州远胜于柳永所盛赞的"参差十万人家"。

市集贸易的蒸蒸日上是杭城欣欣向荣的最好见证。南宋《都城纪胜·市井》中对杭城的闹市有如下记载：

> 自大内和宁门外，新路南北，早间珠玉珍异及花果、时新、海鲜、野味、奇器，天下所无者，悉集于此。以至朝天门、清河坊、中瓦前、灞头、官巷口、棚心、众安桥，食物店铺、人烟浩穰。其夜市，除大内前外，诸处亦然，惟中瓦前最胜，扑卖奇巧器皿、百色物件，与日间无异。其余坊巷市井，买卖关扑，酒楼歌馆，直至四鼓后方静。而五鼓朝马将动，其有趁卖早市者，复晨起开张。无论四时皆然。

彼时的杭州城，正可谓"天时、地利、人和"，因其恰逢相对和平时期，政策利好，且地处江南，物华天宝之地，内外交通便捷，城内百姓勤劳上进，能工巧匠云集，于是经济贸易愈进佳境，市肆百业兴盛，昼夜不止，四季如一。根据

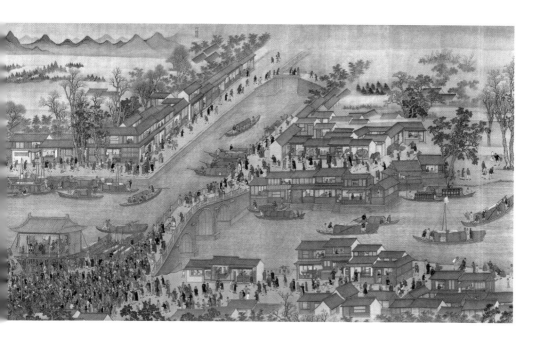

南宋当朝人吴自牧所著《梦粱录》记载，当时杭城商铺林立、生意兴荣，"自大街及诸坊巷，大小铺席，连门俱是"，"大抵杭城是行都之处，万物所聚，诸行百市，自和宁门杈子外至观桥下，无一家不买卖者"。

杭城如此商户百家，市集兴隆，商业竞争必然激烈。而春秋数载、时代更迭，各家商铺兴衰更替便不显稀奇，其中若有诚信守诺、经营有方者，则能在同行之争中脱颖而出，屹立百年仍兴盛昌隆。这等商号，便可称作——"老字号"。千年之前的杭州，也有当时曾风靡百年的老字号，这些商铺经营主要分为八大类——茶肆、酒肆、分茶酒店、面食店、荤素从食店、米铺、肉铺、鲞铺。据《梦粱录》卷十六所载，当时的杭州老字号所取名称大致可分为"行""市""作"三类。有名"行"者，如销金行、城北鱼行、横河头布行、南土北土门菜行等；有名"市"者，如炭桥药市、官巷花市、南坊珠子市等；有名"作"者，诸如碾玉作、钻卷作、腰带作、砖瓦作等。

从多种层面来看，这些老字号能够持续百年甚至更加久远，不单意味着商铺继承人家业兴隆，对于一座城市来说，意义则更为深远。杭城内这些老字号的出现，于民生而言，能够满足百姓日常生活的需求，亦是杭城人家生活富足的表现；于经济而言，动荡不定的社会或者衰落的国力绝不可能保障商铺百年不倒，因此老字号还是城市和谐、市场运作良好的标志；于文化而言，老字号走过悠悠岁月，见证了百余载的春华秋实、冬雪夏雨，杭城绵长的岁月记忆浓缩在一家家老字号中，于是老字号便成了城市传统文化和历史沉淀的一本本记录册。千年前的杭州，就能出现一批又一批的老字号林立于城内，这无疑是杭城自古繁华的最佳注脚。

时至今日，仍有许多百年老字号散落在杭州的河道沿岸，傍水而立。即便现在河道之于商铺生存的意义远不如古时，但这孕育着杭城的河道之水，仍犹如盘绕在老字号身下的根。很难想象，脱离了河道之水的杭州老字号会枯萎成什么模样，但不难得知，这源源不绝的杭城之水正是滋养代代商铺的生命之源。

三、流淌进杭城的那抹繁华

　　一方山水有一方风情，一方水土养一方人文，水城杭州就连商铺都是依水而生、倚水而兴的。我们无法穿梭回过往去探寻临水而建的楼舍的模样，却能从如今古朴厚重的老街窥见曾经的水边一角。"前店后坊"的商铺伫立在泛着墨色的青石板路边，刷白的墙面犹如山水画中的留白，青黑的瓦片则是画中一抹浓厚的诗意。商铺背靠着温婉、平和的河道，往来船只载着满满的货物，咿咿呀呀地应

运输繁忙的河道

和着岸上市集的喧闹。中国南北的财富与智慧便顺着长长的河道流进杭州城，再流出江南地。

纵横交错的河道就像是遍布杭州城的经络，一经打通便满杭城神清气爽，城市发展一片畅通。而其中有一条经络，纵穿了杭州城的南北，贯通大半个杭州，那便是——中河。

中河南起于钱塘江边闸口小桥的双向泵房，沿复兴街南侧东流至美政桥，穿复兴街沿北侧东流至南星桥，沿中河路一直北行，穿越市区至体育场路梅登高桥、北田家桥（现水星阁小区）折向东流，沿新横河过新坝入东河，全长10.2千米。据文献记载，中河开凿于唐咸通二年（861），用以泄洪走沙，后兼作护城河。至北宋时期，中河作为龙山河、盐桥河、新横河三个河段的全称，凤山水门以南称龙山河，以北称盐桥河，新横河则与东河沟通。中河是京杭大运河连通钱塘江的重要河道，经过几百年的疏通与治理，中河兼具泄洪通道、航运通道、民生用水、农田灌溉等功能。随着杭州城市的不断发展，河道两岸铺肆毗连、烟柳画桥、风帘翠幕，乃南来北往商贾运送集散货物的要道和市民游憩的场所。

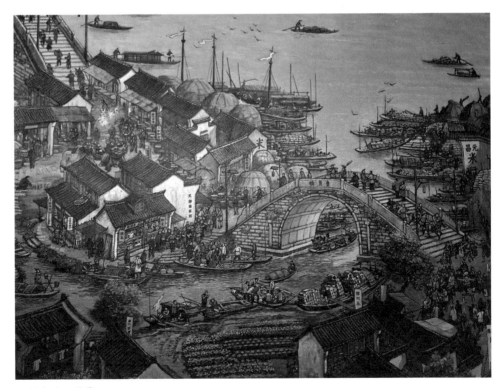

一程水路一程货

　　纵贯杭城南北的中河河道，与之毗邻的是一条同样贯穿杭城的街道，名为中山路。在800多年前的南宋时期，这条大道便是都城临安城中南北走向的主轴线，被人们称为"御街"。因是南宋皇帝至景灵宫祀祖御道，故而繁华非常，古时便是市集发展的重要陆上场所，至今仍是杭州重要的商业街道。古时的贸易往来依赖水运和陆运两种交通方式，水系发达的杭城，河道便扮演了云集五湖四海奇珍异货、流通城内外物资的主要角色；而陆上通道，一方面作为贸易往来通道，一方面为城内商家提供立足地和交易买卖的场所，如此水陆相辅相成，便带动了经济的迅速繁荣。因此，与中河并行的中山路，无疑成为杭城内商业贸易的风水宝地，成为富商们争相抢夺的对象，可谓寸土寸金、一铺难求。与中山路相对应的一条街巷名为清河坊，乃东西走向。清河坊同样起源于南宋，是杭州商业繁华地段，商贾云集，商铺鳞次栉比，热闹非凡。同时作为杭城商业贸易中心的中山路与清河坊，两街的交会之处则被誉为杭城街区的心脏，老杭州人称之为"四拐角"。孔凤春香粉店位于西南角，宓大昌烟店位于东南角，张允升百货商店及颐香斋茶糖烟果号位于东北角，万隆火腿庄则位于西北角。以这四拐角为标志，中山路和清河坊形成了闻名遐迩的老字号集中区，乃如今杭城众多百年商号的发祥地。

　　四拐角四方相通的街巷还有张允升线帽百货商店、翁隆盛茶号、方裕和南货店等著名商号。西南方向通的是大井巷，为杭州刀剪业一条街，其中以张小泉剪刀最为出众；不远处的清河坊街内，有医药商号胡庆余堂、叶种德堂等，院墙高大巍峨，相当气派；若往南自鼓楼至南星桥，能看到延伸数里的一排四五层高洋房，整齐划一又各具特色的商号、商标、广告牌直叫人眼花缭乱。旧时这片街区车水马龙、人流熙熙攘攘，极具生活气息，杭城众多的日用品类百年老字号——香粉、刀剪、绸伞、竹筷、眼镜，还有杭线、布鞋、帽子、棉花作坊、百货等等，都跻身其中，将这片闹市区簇拥得愈加繁荣。这些百货业老字号，从创始人到传承

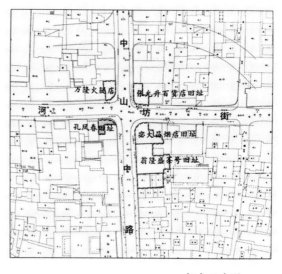

四拐角示意图

王星记扇子种类花式多样（杭州王星记扇业有限公司提供）

人，从筚路蓝缕到薪火相传，无不恪守着祖业祖训和匠人精神，坚守初心不改，由此闯荡出响当当的金字招牌，打造出真正的杭城名品，从而推广至五湖四海。

民国时期是杭城日用品类商号发展的火热时期，杭州的日用品商号经营蒸蒸日上，有"五杭"之说，即"杭线、杭粉、杭烟、杭剪、杭扇"，不仅在杭城家喻户晓，放眼全中国，都是声名大噪的。这些老字号，因受20世纪二三十年代近代西方的影响，所以其建筑风格与杭城中许多传统屋舍有些不同。它们多是西式洋楼的风格，水泥筑墙，阳台外挑，屋檐和窗檐都雕有西式雕塑图案，多了一些时髦感。不过，与外观不同的是，这些商铺内部装饰仍沿用中式传统建筑风格，所以是"外西内中"，融中西文化、新旧风格于一体。这般与众不同的商铺，成了杭州传统街区中一道独特、亮丽的风景线。

檀香扇

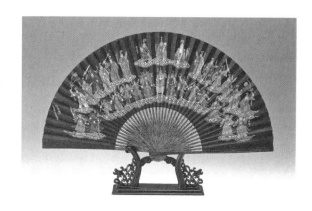

王星记扇子：庆彩绘天神图

13

四、一道河，几户商

江南的水将四方的文明和财富汇聚于杭城，也为杭城洗去了市井的浮华与奢靡，保留下西湖人家小桥流水、烟火鱼米的温情，滋养出这座城市繁荣而不虚荣、华贵又不乏生活气息的精神面貌。杭州生于水，也兴于水，被井然有序、纵横通达四方的河道簇拥起的杭城，可以算得上是中国大地上一颗璀璨的明珠，对五湖四海的外地人来说，有着无法抗拒的吸引力和难以言说的魅力。

许多来自杭州城外的商家顺着宽广、通畅的河道聚集于此。他们有的本就家大业大，只求尽览杭城无限风光，再一展身手，为家族添上猛虎之翼；有的一无所有，孤身来此，凭借的是满腔热血和一身本领，为的是在杭城扎根立足，干出一番事业。

边福茂鞋号的创始人边春豪便属于后者。1845年春，边春豪乘着一叶扁舟，航行于冰雪半融的钱塘河道。他只身一人离开家乡诸暨，顺着承载了无限商机的钱塘江来到杭州，在当时的长庆街五老巷一家茶馆门口，设小摊做着小本营生。边春豪的鞋摊生意最开始并没有什么起色，不过因其制鞋手艺高超，本人又聪慧过人，改良了布鞋制作工艺后，最终使"肉斧斩布鞋"的故事广传于坊间，边福茂鞋摊也由此声名鹊起。到了清末民初，边福茂鞋店迁至中山路、清河坊一带，即中河流域。绵长、蜿蜒的中河，不仅连接了杭城南北，还串联起了钱塘江和京杭大运河，是杭州货物流通、商贸往来的水上要道。正是这条河道孕育出了名闻古今的清河坊。"八百里湖山，知是何年图画；十万家烟火，尽归此处楼台。"这是明代文人徐渭对杭州风貌的渲染，将当时的繁华喧闹之态展现得淋漓尽致。这里的民众傍水而居，商铺临水而建，河道上商船从来络绎不绝，所以清河坊一带可谓杭城内外生意人梦寐以求的商业宝地。搬迁至此的边福茂商铺生意几臻绝顶，边氏布鞋在杭州城内无人不晓，当时流行的一句俗话"头顶天，脚踏边"就很好地呈现了当时边福茂布鞋在杭城风靡的盛况。

潘永泰棉花作坊与边福茂有着相似的创办历程。当年潘永泰的创始人潘锦权也是孤身一人，怀着万丈豪情和一身本领，闯荡于他乡。他带着几件弹棉花的工

清末民初杭州河道运输场景

具，辗转于江浙皖三地，过街串巷，寻找活计。直到1919年，其子潘统印向往杭城的繁华，于是结束漂泊不定的行商生意，决心在杭城扎根下来。他托了同乡帮忙，先是在吴山脚下寻了一块落脚地，在生意越来越红火后，迁店到了更加繁荣的河坊街。河坊街属于清河坊，同样汲取着中河之水而焕发出强烈的生机，是清河坊中最为耀眼的黄金地段。扎根在河坊街的潘永泰，在一众同行中脱颖而出，成为杭州棉花作坊第一家，一度称霸杭城棉花加工业，其出产的棉花制品质量上乘，不仅广受杭州市民喜爱，还通过密布的河道流通至外地，中国南北都曾留下过"和合二仙潘永泰号"的印记。

诞生在中河流域的老字号，不得不提的还有"五杭"之一的杭粉孔凤春、杭剪张小泉以及著名的线帽百货商号张允升。

位于中山路、清河坊四拐角西南角的孔凤春，开张于清同治元年（1862），由萧山人孔传鸿兄弟三人创立。孔凤春原名"孔记香粉号"，但孔传鸿觉得店名略显俗气，屡屡想要改名。偶然一次午睡，他梦到凤凰同孔雀凌空而来，飞舞于店中，受梦境启发，遂更店名为"孔凤春香粉店"。孔凤春专门从事香粉、胭脂、刨花之类化妆品的生产和销售，也是中国历史上记载的第一家化妆品企业。孔凤春产品用料讲究，重视质量，制作精细且香型馥郁，一开张就备受好评，之后更是成为江南著名特色商品之一。《武林市肆吟》中写道："胭脂彩夺孙源茂，宫粉首推孔凤春。北地南朝好颜色，蛾眉淡扫更何人。"诗文将孔凤春列为香粉业之首，其风靡程度可见一斑。

"快似风走润如油，钢铁分明品种稠。裁剪江山成锦绣，杭州何止如并州？"著名话剧作家田汉在走访张小泉剪刀厂后，惊叹于其产品精良的做工和精巧的样式，留下了上述嘉赞之词。正如诗文所言，张小泉打出来的剪刀选料讲究，锋快耐用，属于杭州的一大名品，享有很高的知名度和美誉度。张小泉的店面坐落于清河坊，毗邻四拐角，乃引领大井巷刀剪行业一条街的头牌商户。在中山路和清河坊这一片老字号聚集地中，张小泉可谓一众老品牌中的老者。张小泉成名于明崇祯元年（1628），距今已有近400年的历史，是当之无愧的中华百年老字号，也是目前刀剪行业中唯一的"中国驰名商标"。几百年来，张小泉的历代传承者始终坚守"良钢精作"的祖训，潜心事业，精雕细琢。正因此，张小泉的刀剪一直享有很高的声望，在民众心中信誉度极高。早年其出品的刀剪通过运河河道，流通至北方，因品质出众，还被作为宫廷用剪，自此名播南北、誉满华夏。在当时的民间，有一句俗话——"南有张小泉，中有曹正兴，北有王麻子"，可见张小泉刀剪称霸南方，可以算得上江南刀剪行业的领头人。张小泉就像自己的招牌产品剪刀那样，经过数百年时光的磨砺，愈磨愈锋利，闪耀着亮眼的锋芒，剪出了一片开阔的天地，开辟了未来特有的版图。

张允升百货号早期经营的是杭州丝线，在一众丝线店中，张允升凭着精妙的做工和优良的口碑成为佼佼者，清同治年间出版的《杭俗遗风》更是将其列为"杭州线店之首"。当时的杭州，人丁兴旺，经济繁荣，城内的众多河道经过多次修葺和扩建，正式形成了都城内外"四通八达"的格局。与周边省城河道的接通，使杭州城里城外的货物来往更加便利，许多商号也因此更加畅快地走出杭城，销往周边地区甚至省外。张允升为了确保丝线的质量，每逢新丝上市的季节，便令人乘船至桐乡濮院、海宁长安等地购置原料。待丝线制成之后，除了在杭州城内销售，还有大批的丝线顺着河道之水远销到城外，因此张允升的商号名声逐渐传响。在商铺生意进入佳境后，张允升结束了单纯经营丝线的状况，开始兼营更多产品，主要生产帽类，同样也借助水路，远销各地，生意一直兴隆。在商号有了足够的实力后，张允升决定放开手脚，经营各类百货。百货店铺地处中山路清河坊，当年杭州的中心商业区，那里行人熙攘、车水马龙，而张允升店内百货货源来自上海，时髦又耐用，深得杭城人的喜爱，于是成为那时杭州人最爱逛的商店之一，其人气和热度，就好比今日的银泰百货。张允升在上海也设有分店，还同天津、绍兴、重庆等多地有商业合作，全通过水路连接，在上海的采购机构采购各种货源，用船运送回杭，再根据需求将货物发往各地。由于货源有保障，加上商号的闻名，当时的张允升几乎垄断了整个杭州城的百货市场，许多商家都争相前来合作，极为风光。

与水同样缘分不浅的还有著名的西湖绸伞，其与水的渊源，其实只观其名，便可窥见一二。西湖乃杭州第一名水，甚至是享誉世界，它的美自然无需赘言。而西湖之于杭城，实用意义、审美意义、文化意义，三者何者更甚，如今也难以分辨，但可确定的是，它的地位绝对是独一无二的。这西湖绸伞冠西湖之姓，就是带上了专属杭城的符号印记，说它是因西湖而生也不为过。西湖绸伞创制于20世纪30年代初，据说是由都锦生丝织厂工人竹振斐创作的。它以竹作骨，以绸张面，伞面绘有西湖、杭城风光，轻巧悦目，式样美观，携带方便，素有"西

张小泉剪刀制作模型

湖之花"的美称。由于制作得别出心裁，西湖绸伞一经问世便大受欢迎，到1935年，"竹氏伞作"成立，标志着杭城第一家专做绸伞的作坊出现。到中华人民共和国成立后，杭城内办起了国营杭州西湖伞厂，继而成立了杭州工艺美术研究所西湖绸伞组，专门研究传承并改进西湖绸伞的制作工艺。随着工艺的不断精进，绸伞的质量不断提升，其特有的江南情调，更是为其博得许多人的喜爱。西湖绸伞之所以有着动人的风情，不仅因为其样式精美、风格独特，带有江南的文化韵味，还因其传奇性的身世而带上了一丝虚幻的意味，更显得神秘、婉约，令人向往。据传，从前鲁班与其妹一同来西湖游玩，不巧遇雨，二人略有些扫兴。不想辜负此行，鲁妹提议与鲁班比赛，看谁能在次日鸡鸣之前想出办法，能让二人雨天亦可游西湖。鲁班应之。二人分开后，鲁班寻来木头、锯、刨等工具，就在西湖边上造起了亭子，直造了九座，便有了如今西湖三潭印月景区的三角亭。鸡鸣之后，鲁班向其妹炫耀造亭之事，却见其手中有一物，能如孔雀开屏一般，精美夺目。他很好奇，细细打量一番，再撑开一看，竹子和绸缎做的伞既轻巧又漂亮，更可随着人的行动而时刻移动。鲁班惊叹此物，心服口服地向其妹认输。这便是西湖绸伞的前身，虽然只是个传说，不具有可信度，但也彰显了绸伞与西湖的渊源，使绸伞带上了更具意趣的文化气息和江南韵味。

五、文明不止，精神不灭

"江南忆，最忆是杭州。"纵横绵延的河道熏染了如诗如画的杭城，杭城温婉秀丽的风情软化了奔流不息的河流。杭州自古最是多情，仿佛是被消散不去的烟雨水气泡软了性子，从来都带着温文尔雅的情调。来自北方的运河水，到了这里便褪去了北地的风尘，少了几分豪迈与壮阔，化作格外清秀可人、富有灵气的模样。遍布全城的杭州河道，或温柔静谧，宽广平坦，似能载起无数船舶往来；或婀娜曲折，千姿百态，呈现出未经雕琢的自然模样。总之，河道恣意地徜徉过

水乡风貌

19

民国时的水巷

杭州的每一处角落——翠意连绵的山谷间，井然有序的农田上，古老厚重的老街旁，繁荣多姿的城市里……涓涓河水，闲看古往今来的杭城记忆，听遍绵延至今的杭州故事，见过烟柳画桥、风帘翠幕的杭城市井风情，也赏过三秋桂子、十里荷花的杭城四时风貌，还承载着络绎不绝的商船、商贾、货物往来，带动岸边出现了市列珠玑、户盈罗绮的繁华。

受到河道的滋养，茁壮成长的杭州老字号，如今也忠贞不渝地同河道一路同行着。像是不愿意与河道分别，林立的商铺仍傍水而建，面朝着熙攘的人流，背靠着不绝的水流，还有络绎的船流。孔凤春、张小泉、张允升、潘永泰、边福茂、毛源昌、西湖天竺筷、西湖绸伞……这些老字号，有的现在已经见不到身影；有的熬住了岁月沧桑，还坚守在老街一角；有的逐渐远离了市井，被作为传统工艺保护起来。它们曾都是河道滋润过的一分子，也都曾盛极一时，陪河道一同见证了杭城的岁月变迁。尽管百年后会物是人非，又是一番新光景，但河道的文明却始终流淌不止，老字号的精神也始终凝聚在这座城市中。

张小泉：良钢精作古今传

    提起剪刀，可以说无人不知、无人不晓。它虽然貌不惊人，但却用途广泛，是人们日常居家生活不可或缺的贴心小帮手。不论裁缝裁布，花匠剪枝，还是牧民剪牛羊毛，都需要用到不同样式的剪刀，就连孩童们玩的猜拳游戏也会运用到"剪刀"这一元素。在民间，还有无数关于剪刀的传奇故事。

    "中华老字号"剪刀品牌张小泉，是浙江杭州的知名传统手工业品牌。"市列珠玑，户盈罗绮，竞豪奢。"杭州都市的繁华景象在古诗词中亦能体现一二。这样的城市，似乎天然具备了工匠精神的生长土壤。"五杭"的诞生，就源于杭州深厚的手工业文化底蕴。而作为历史悠久的杭州特产"五杭"之一的杭剪，在清代就已颇具盛名，杭人丁立诚曾于《武林市肆吟》中有诗云："利似春风二月天，掠波燕子尾涎涎。并州新样张家好，门对吴山第一泉。"

    一把剪刀，剪出近400年的时空流传。经过这数百年的磨砺，磨平了岁月的坎坷，愈磨愈坚毅，磨砺出了张小泉璀璨的百年品牌；愈剪愈锋利，剪出了张小泉独有的新版图。

金彩剪

一、名剪缘起，传奇序曲

　　我国悠久的剪刀使用历史为杭州张小泉的出现奠定了基础。据史料记载，"剪"本字"翦"，古时被称为"前""铰刀"或是"交刀"。东汉许慎《说文解字》有"前，齐断也"之说。唐释玄应《一切经音义》道："铰刀，今谓之翦刀。"元戴侗《六书故》云："剪，交刃刀也，利以翦。"清段玉裁注："羽初生如前齐也。前，古文翦字。"

　　剪刀在我国的起源尚不可考，早在尧舜时期我们便可观见剪刀的影子，而至商周及春秋战国时期，则已出现了大量关于"剪"的文字记载，如《韩非子·五蠹》中云："尧之王天下也，茅茨不翦，采椽不斫。"《诗经·召南·甘棠》有诗句道："蔽芾甘棠，勿剪勿伐，召伯所茇。蔽芾甘棠，勿剪勿败，召伯所憩。蔽芾甘棠，勿剪勿拜，召伯所说。"我国发现最早的剪刀实物是西汉的铁剪。1934年陕西宝鸡西汉墓中出土了一把交股式铁剪，证明早在2000多年前中国人就已使用剪刀了。这种交股式铁剪没有铁钉支轴，使用时需要凭借手掌的握力及剪刀本身的弹力，因此非常费力。随着手工艺的发展，10世纪的五代时期开始出现支轴式剪刀，这种剪刀的特点是两片剪体之间安有支轴，直到今天人们也依然使

张小泉剪刀厂旧影

用着这种类型的剪刀。值得关注的是，我国元代以后出土的剪刀数量反而少了，究其原因可能是剪刀那时已经普及，人们不再将其当成珍稀之物用于陪葬了。

在剪刀的发展演变过程中，除了日常的生活功能外，它也常出现在历代文人墨客的诗词作品中。如唐代诗人贺知章的《咏柳》便留下了"不知细叶谁裁出，二月春风似剪刀"的千古佳句。宋徽宗赵佶的《燕山亭》道："裁剪冰绡，轻叠数重，冷淡胭脂凝注。"南宋诗人陆游在《秋思》中吟道："诗情也似并刀快，剪得秋光入卷来。"而晚清杭人丁立诚更是曾在《武林杂事诗》中称赞张小泉剪刀："快剪何必远求并，大井对门尤驰名。吴山泉深清见底，处铁锻炼复磨洗。象形飞燕尾涎涎，认识招牌张小泉。疾比春风净秋水，不数菜市王麻子。"我国杰出剧作家田汉先生也曾在走访张小泉剪刀厂时写下一首赞美诗："快似风走润如油，钢铁分明品种稠。裁剪江山成锦绣，杭州何止如并州。"不仅如此，张小泉剪刀诞生的故事更具传奇色彩。

"张小泉"既是店名，也是人名。据说张小泉的母亲在怀他九个多月的时候，有一天在一座山脚下的泉眼里洗衣服，突然临盆，将孩子生进了泉水里。母亲赶紧将他从泉水中捞起，小孩因而得名"张小泉"。但张小泉剪刀并不是一开始就叫"张小泉"，张小泉剪刀的前身是张小泉的父亲张思家所创设的"张大隆"剪刀店。

张小泉的父亲是从安徽黟县走出来的铁匠师傅，其自幼在以"三刀"闻名的芜湖学艺，学成后在家乡开设了"张大隆"剪刀铺，前店后家。因其打磨的剪刀锋利无比，老百姓对其大为赞赏："张大隆剪刀能吹发断发，剪布无声，就是修剪千层布的鞋底，也如同刀切豆腐一般轻巧。"加之张思家做事认真，待客真诚，久而久之，"张大隆剪"畅销徽州，甚至流传着"农家一世穷，也要买把张大隆"的美谈。

生长在铁匠世家，张小泉自然是耳濡目染，从小便学起了打铁的技艺。在父亲的悉心教导下，他三四岁时就蹲在炉边拉风箱，八九岁时便学着打小锤，等到长成一个年轻力壮的小伙子时，他也就基本学完了父亲的技艺，习得了一身制剪的好本事。

清兵入关时，灾害频起，黟县的百姓朝不保夕，苦不堪言。不得已之下，父子俩前往素有"人间天堂"美名的杭州，以谋求新的发展。早在春秋战国时代，杭州就是干将、莫邪铸造宝剑的地方，有着传统的铸造技术。这里的女性也擅长用剪刀裁剪衣衫、剪贴窗花。张大隆剪号迁至杭州后，就选在商贾云集、市井繁华的城隍山下、毗邻中河的大井巷口，搭棚设灶，挂牌续开，选用龙泉、云和等

张小泉厂房（老照片）

地的好钢打造刀剪，悉心研究铸造技艺。

　　大井巷内有一口被称为"钱塘第一井"的深井。据传，在张小泉来杭不久的一天，井水突然变得又黑又臭。由于此井是大井巷一带百来户居民的生活水源，见此情景，当地居民议论纷纷，之后便到处打听缘由，以求尽快净化水质。一位老者告诉大家：在他儿时，曾听老辈人说过，此井直通钱塘江，钱塘江上游有两条乌蛇，每隔十年，便来这清凉的大井里交尾产卵。在此期间，两条乌蛇嘴里吐出的毒涎，把井水污染得就像是烂泥汤般，唯有下井除去两条乌蛇，才能保证井水永清。张小泉听闻此消息之后，心想自己家从黟县来杭谋生，邻里们都善待自己，自己应有所回报，便自告奋勇前去除蛇。于是他身涂雄黄酒，手持大铁锤跳入井中。凭着自小练就的好水性，张小泉潜入井底，果见两条乌蛇缠绕在一起，他眼明手快，未等两条乌蛇分开，便挥起大铁锤，只听得"咣！咣！咣"一连三锤，锤锤都砸在了两条乌蛇相交着的"七寸"处，将两条乌蛇砸得扁平。张小泉砸死乌蛇后，用绳子将其拴住，便一手提着大铁锤，一手提绳，缓缓游向井面。除掉了乌蛇，大井里的水又恢复了之前的清澈。张小泉是个有慧眼的人，见蛇尾弯曲，便悟出了个想法。他把两条死蛇拖回家里，看了又看，想了又想，终于在纸上画出一个未曾见过的图样来。父子二人按照这图纸，在蛇颈相交的地方装上一枚钉子，将蛇尾弯转处做成把手，又将蛇颈上面的一段敲扁，磨得锋利无比，如此打造了一把弯柄的剪刀。这弯柄剪刀果然要比直柄剪刀使用起来更加顺手，于是张小泉便将这把剪刀挂在了铁匠铺门前当作招牌。从此，张小泉生产的剪刀都改成了弯曲柄。

张小泉很有悟性，凡事爱琢磨，根据"好钢要用在刀刃上"这句话，他还研究出了刃口"嵌钢"（又称镶钢）的技法。而他打铁的本领也比其父更高明了。他铸的犁尖，耕起田来又深又快；他打的锄头，锄起地来又轻又巧；从他那儿买的菜刀，剁骨头也不会卷口。特别是在剪刀制作上，他一改用生铁锻打剪刀的常规，选用浙江龙泉、云和之精钢加于剪刀锋刃上，首创了嵌钢制作剪刀的方法，这样制成的剪刀镶钢均匀、刃口锋利。加上做工精细，张小泉的剪刀轻便好使，开闭自如。他还采用镇江特产、质地极细的泥精心磨制，使剪刀光亮照人。一传十、十传百，张小泉制作的剪刀很快名声大噪，一些裁缝、锡匠、花匠等专业用剪的人都慕名前来定制剪刀。加上剪刀铺地处当时杭州的商业中心，生意更是格外兴隆。

然而，张小泉剪刀生意日渐兴隆，很快就招来了同行的嫉妒。为了争夺市场、获取高利，不少制剪铁匠开始冒"张大隆"之名销售剪刀，一时间市场上充斥着挂牌"张大隆"的剪刀，质量良莠不齐。这种情况对口碑甚佳的正宗"张大隆"剪刀造成了极大伤害，导致其生意一落千丈。"张大隆"这一刚刚兴起的品牌，此时不得不面对考验。张小泉自幼追随其父学习制剪工艺，在父亲的精心指导和实践培养下，不仅练就了一手制剪的好技艺，更是"青出于蓝而胜于蓝"，他了解了当时父亲辛苦打造的品牌遭受重创后的三个现实：

第一个现实，剪刀作为市场销量巨大、消费人群较为广泛的产品，具有同质化高的特征，创新空间受局限。因此，当品牌遭到重创时，张小泉并没有盲目组织力量前去抢夺日益

张小泉画像

张小泉广告

饱满的市场，而是牢牢抓住"质量"这一品牌复活的生命线。在鱼龙混杂的市场条件下，他们并没有放松对自制剪刀的质量把控；相反，他们利用这样的一次契机，严格把控产品的质量，防止冒牌的出现给自身品牌带来毁灭性的打击。他们坚信，"张大隆"品牌虽死，但"张大隆"剪刀作坊传承的工艺还在，这一点足以帮助他们复兴。

第二个现实，鱼龙混杂的市场，其实并没有想象的那么复杂。为抢夺市场，许多制剪作坊纷纷冒用"张大隆"这一品牌，假冒的"张大隆剪刀"充斥着整个市场，而顾客选择的宽泛性，则给许多制剪作坊带来巨大的市场竞争压力。为了压倒同类商品，很多制剪作坊在生产制造上或是放宽了质量的把控，或是刻意压低市场价格，一心只顾谋求所谓的经济效益。这一切将"张大隆"剪刀推到了信誉即将毁灭的风口浪尖，但张家也认识到，良莠不齐的市场竞争者同时也为这一品牌的重生创造了空间。

第三个现实，"张大隆剪刀"这一招牌成立时间不长，此时还处于不成熟阶段，特别是之前张家并未做出任何针对相关产品专利性质的标记性保护。尽管事后张小泉已经认识到这一问题的重要性，但是若在原有基础上进行追加性的品牌改造，并不能在当时整个市面产生轰动性的效果，反而有可能使仿冒愈演愈烈，更使自身失去挽救这一品牌的良好时机。

因此，清康熙二年（1663），张小泉因其父张思家去世完全接掌店铺之后，以壮士断腕的勇气，向着父亲张思家的神位牌焚香拜祭，毅然放弃了张家几十年创下的金字招牌，改"张大隆"为"张小泉"。"张小泉"品牌的历史，也就此拉开帷幕。

二、品牌之争，探索之路

　　张小泉为维护名牌而独辟蹊径将"张大隆"改为"张小泉"的做法，在短时间内取得了效果，但随着时间的推移，挂名冒牌的反而越来越多。张小泉去世之后，其子张近高继承父业。为了区别假冒同名的剪刀，在市场上立于不败之地，也为了维护自家商号的利益，张近高在"张小泉"三字之下，加上"近记"二字，标示为正宗，以便顾客识别。但这种做法仍然无法制止其他商家的效仿。相传在张小泉的子孙张树庭受业时，恰逢乾隆南巡至杭。当日乾隆微服出游城隍山，为避雨而入张小泉剪刀店并购得几把剪刀，回京试用之后，因其刃口锋利、手感舒适而大加赞赏，事后便责令浙江专办"贡品"的织造衙门进贡张小泉剪刀为宫廷用剪，并御笔亲题"张小泉"三字赐予张小泉剪刀铺。此事令张小泉名声大噪，声誉遍播华夏南北。张小泉剪刀这一"中华老字号"品牌，既与名人文化相联系，又反映出品牌的产品、技艺和服务文化；既具有历史文化底蕴，又具有商业财富价值。

　　然而，成名之后的张小泉剪刀仍然没能逃脱被盗版的命运。张小泉品牌的发展史，从某种角度来说，也可以说是一段艰辛的维权史。随着时间的推移，张小泉剪刀传至张永年（张小泉后代，张利川之子，张祖盈之父）之时，冒牌产品几乎已充斥整个市场。张利川去世时，其子张永年还年幼，无法独立掌管整个店铺，因此店务由张永年母亲孙氏代为掌管经营。面对愈演愈烈的冒牌行为，孙氏于光绪十六年（1890）拦轿告状，向当时的钱塘县正堂束允泰控告"冒牌"之事，痛陈所受冒牌之苦。束允泰了解情况之后，亲题"永禁冒用"四字立石刻碑于店门之外。同时，在官府的批准之下，张小泉在招牌上还加上了"泉""近"二字。而到了宣统元年（1909），张祖盈接管张小泉剪刀店之时，为避免冒牌，改用"云海浴日"为商标，送往知县衙门，转报农商部注册，依然在商标上加有"泉""近"的字样。但到了民国时期，当时杭州的刀剪铺纷纷挂牌"张小泉剪刀"，最多的时候曾达到86家，一时之间出现了"青山映碧湖，小泉满街巷"的现象，可见张小泉依然未能摆脱被不断盗版的遭遇。

张小泉旧址标志牌

除了杭城"张小泉"冒牌之风横行以外，上海、南京等地也有诸多的"张小泉"剪号，"张小泉"这一老字号在光鲜亮丽的外表之下，无可避免地被卷入几乎可以说是"持久战"的产权纷争之中。其中影响最大的便是和上海张小泉刀剪总店（下文简称"上海张小泉"）长达10年的纠纷。

真正的"张小泉刀剪店"是1663年张小泉在杭州吴山脚下、中河河畔的大井巷里创办的，后因仿冒者甚多，改名为"张小泉近记"。而"杭州张小泉"的前身正是20世纪50年代初由"张小泉近记"等5个剪刀工场组合成的生产合作社，并于1958年转为地方国营杭州张小泉剪刀厂，此后正式被政府授牌成立。1963年，杭州张小泉剪刀集团在杭州市工商局正式注册登记了"杭州张小泉剪刀厂"。1964年8月1日，"杭州张小泉"经中央注册取得了张小泉文字与剪刀图形组合的"张小泉"牌注册商标，至此取得了商标专用权。该商标在1980年被国家工商总局授予全国著名商标的称号，获得国家著名商标的证书，并于1997年4月被国家工商局认定为驰名商标。

而位于上海南京路的"上海张小泉"刀剪总店与"杭州张小泉"有着密切的供销合作关系。作为"杭州张小泉"剪刀在上海曾经的经销商之一，"上海张小泉"是在1956年公私合营时由"张小泉协记""张小泉鸿记"等刀剪店合并而成的，并以"张小泉"字号作为企业名称注册登记，成立了上海张小泉刀剪总店。直到1987年上海张小泉才申请注册了"泉"字商标，并于1992年被国内贸易部认证为"中华老字号"。

在中华人民共和国成立之前，张小泉剪刀主要由杭州生产，但张小泉的后代为了扩大销路，分别在上海、江苏等地开设店铺来销售张小泉剪刀，这也直接导致在全国范围内，有不少城市均留下了以"张小泉"冠名的商铺，并且有一些还一直延续到新中国成立以后。在计划经济时期，字号与商标权利的冲突并没有显现，因为当时上海张小泉主要经销杭州张小泉生产的张小泉刀剪，那时的沪杭张小泉更多的是一种产销合作关系而非竞争关系。但到了20世纪80年代后期，由于国家从计划经济转向了市场经济，上海张小泉便开始委托他人定牌加工刀剪，继而又自己组织生产，且其产品标识及包装上将"张小泉"三字以醒目标志加以突出，而自己的"泉字牌"商标反而不醒目，有时甚至在其产品上只打"上海张小泉"五字，不打"泉"字商标，这就造成了与"杭州张小泉"一定程度的混淆。这便是双方形成复杂纠纷的历史原因之一。

从1997年"杭州张小泉"商标被认定为国家驰名商标开始，"杭州张小泉"商标便被纳入国家工商行政管理总局颁布的《驰名商标认定和管理暂行规定》和

张小泉旧址石碑

全国人大颁布的《商标法》的双重保护。而上海张小泉刀剪出售的"泉"字商标的产品不仅在包装上刻意突出企业字号中的"张小泉"字样，还使得自己的包装设计与杭州张小泉的极其相似，因此对于上海张小泉上述行为以及在杭州张小泉取得"张小泉"商标专用权后上海刀剪总店仍继续使用"张小泉"字号一事，杭州张小泉分别在1997年9月和1998年10月先后向上海市黄浦区工商局提出撤销上海张小泉刀剪总店"张小泉"字号的要求，但由于上海张小泉刀剪总店拒绝，加之历史原因使得此案变得比较特殊，同时"张小泉"既是杭州张小泉的字号又是其商标，导致此案变得复杂难断，因此黄浦区工商局选择暂不处理。而上海张小泉非但没有收敛，反而在1998年5月又与他人共同投资成立了一家上海张小泉刀剪制造有限公司，因而在1999年3月杭州张小泉被迫向上海市第二中级人民法院提起诉讼。

对于此次纠纷，杭州张小泉认为上海张小泉侵犯了自己"张小泉"注册商标及驰名商标的权利，并且上海张小泉在产品标识中使用并刻意突出"张小泉"三字的行为构成了不正当竞争与侵权，因此杭州张小泉要求上海张小泉停止使用"张小泉"字号和标识并赔偿经济损失。但由于上海张小泉的企业名称也是经过正规程序由上海市黄浦区工商行政管理局核准登记合法取得的，在工商部门正式通知停止使用前，上海张小泉仍可以继续使用"张小泉"字号与标识。同时，上海张小泉认为在自己的产品和包装上使用自己的企业名称并没有构成对杭州张小泉的商标侵权或不正当竞争，因为其在产品包装上还打上了自己的"泉字牌"商标。正是因为如此复杂的案情，直到2004年8月，上海市高院向最高人民法院请示后，才做出了终审判决。法院认为，上海张小泉刀剪总店在企业名称中使用"张小泉"字号，以及在产品标志上使用"张小泉"牌、"上海张小泉"字样的行为具有特定的历史原因，因此法院判定上海张小泉刀剪总店之前的行为并不构成侵权；但为避免公众对两家产品产生误认，此后上海张小泉刀剪总店应在商品、服务上规范使用其经核准登记的企业名称。

然而，沪杭张小泉的恩怨远没有想象中那么简单。由于上海张小泉并未按上述裁决执行，而是继续在其产品和包装、标牌上直接使用"上海张小泉"字样标志进行销售，于是杭州张小泉于2004年底再次将上海张小泉诉至杭州市中级人民法院。2006年1月，杭州市中级人民法院作出一审判决，上海张小泉刀剪总店立即停止在其生产、销售的刀剪产品及包装标牌上使用侵犯杭州张小泉的"张小泉"注册商标专用权标识，赔偿经济损失8万元，并在判决生效后30天内登报赔礼道歉，同时驳回其他诉讼请求。

　　戏剧性的是，结果仍不尽如人意。几乎与此同时，上海张小泉又以不正当竞争为由将杭州张小泉告至上海市第二中级人民法院。此次缘由为杭州张小泉在其产品包装上标注"始创于1663""中国驰名商标"字样。他们认为，查阅资料可知"杭州张小泉"并不是那个1663年张小泉创立在吴山脚下的刀剪商铺，而是由几家剪刀工场组合成的生产合作社（1958年转化为地方国营杭州张小泉剪刀厂）发展而来的，并且杭州张小泉的注册商标仅有"张小泉"牌商标于1997年4月被国家工商行政管理总局认定为驰名商标，但此时因期限届满已失效。故上海张小泉认为杭州张小泉这种行为存在引人误解的虚假宣传，把几十年的历史变成了几百年，构成了不正当竞争。因此向法院递交请求，要求杭州张小泉停止标注"始创于1663"以及"中国驰名商标"字样并赔偿经济损失人民币10万元。

　　张小泉的历史积淀和文化传统在杭州，这一点举世公认。因此，在这场同名之争中，杭州张小泉剪刀厂最终占据了上风。2006年7月10日，浙江省高级人民法院作出终审判决，上海张小泉刀剪总店在其产品及包装、标牌上突出使用"上海张小泉"字样标识，属侵犯杭州张小泉集团有限公司拥有的"张小泉"商标专用权的行为。这一判决终于为这场旷日持久的品牌官司画上了圆满的句号。

　　名牌是无价的。剪断名牌这个"贵子"脐带的，是一把合金的剪子，有诚则灵，有真则信；而剪碎名牌声誉的，是一把把假冒伪劣的"冒牌"剪刀。它们是欺世盗名、趋利贪欲的合成体，一边把历史、文化、美德剪碎，一边把名牌生产者和消费者的心剪碎。因此，名牌的保护对一个企业来说至关重要，老字号难以发展的很大一个原因就是商标、商号被盗用、滥用，从而对品牌的名誉产生不良影响。张小泉一次又一次经历品牌之争的坎坷，一次又一次对其品牌进行竭力维护，也是主动把握住了促进自身发展的品牌命脉。

　　张小泉剪刀除了在名牌的维护上屡遭挑战，随着时代的发展，其企业的发展也是饱受风雨，历经磨难。但在岁月的打磨之下，张小泉剪刀始终坚如磐石、屹立不倒。

　　1937年日寇侵占杭州，张小泉剪刀尽管在剪刀业中遥遥领先，但仍遭受重创，厂店全部被占，营业停止。1945年，抗战胜利后，张祖盈由沪返杭，出任杭州商业刀剪同业公会会长。又借资投入企业，聘顾韵声经理店务，雇员工十余人，重新经销剪刀，规模只有1930年以前的三分之一，营业又兴旺过一个短暂时期。但是物价一日数涨，法币朝夕数贬，店中存货越来越少。这时杭州许多同业相继停业。1948年8月，政府发行"金圆券"，强制压低物价。抗战前一套剪刀（大小五把）售价1.65元，这时只准售"金圆券"几角，到9月底就亏损了剪刀5

万把（1万套）。因此，张祖盈不得不宣告停业。

1949年1月，张祖盈因亏损宣告停产，张小泉双井记老板许子耕以大条19条（黄金190两）盘下张小泉近记的品牌和店基，但复业不到4个月，资金亏蚀殆尽，近记又濒临绝境。是年5月杭州解放，近记始获新生。人民政府给予低息贷款、供应原料、订购包销等种种帮助，使得有300年历史的张小泉近记剪号得到了新的发展。杭州各剪刀炉作和剪刀店开始兴旺起来。1952年5月，杭州市工商局组织了制剪联营处。1953年，人民政府将杭州数十家剪刀作坊并成五个"张小泉"制剪合作社，生产品种各有不同。1954年，5个合作社一起迁至杭州海月桥集中生产，时共有职工423人。1955年，五社正式合并为杭州张小泉制剪合作社，职工已增至527人。

1956年3月，毛主席在《加快手工业的社会主义改造》一文中特别指出："提醒你们，手工业中许多好东西，不要搞掉了。王麻子、张小泉的刀剪一万年也不要搞掉。我们民族好的东西、搞掉了的，一定都要来一个恢复，而且要搞得更好一些。"这段话极大地鼓舞了制剪工人，更引起各级领导的重视。该指示，在张小泉的发展史上产生了里程碑的意义。同年6月，杭州张小泉制剪合作社改名为"张小泉制剪社"，杭州第六制剪社改名为"张小泉制剪加工社"。制剪社正式恢复"张小泉"称号。政府对张小泉的产业体现了特别的关怀和支持。正是在这一年，统一筹建杭州张小泉剪刀厂的国家拨款下达，整整40万元！加上筹备会自筹的20万元，新企业在1956年10月破土动工。而在同年7月《浙江日报》二版刊登的《手工业的新产品和新品种》一文中可以了解到：当时的"张小泉"已由只生产5个剪刀品种增加和恢复至63个品种之多。

中华人民共和国成立后的张小泉老字号一直走在前进的道路上，1997年，张小泉被评定为中国驰名商标。张小泉的年产量最高达到4200万把。张小泉品牌的产品，以其精良的品质和诚挚的服务得到了中国消费者的广泛认同。

三、工匠精神，良钢精作

总有一些旧东西，它们一如既往地陪伴着我们，在岁月的长河里散发着普遍又独特的光泽。物质只是形式，精神才是珍宝。杭州这座温柔的江南水城，在河道的滋养下，数千年来流淌着与生俱来的商业血脉，像一个长生不老的姑娘，青春又充满韵味。这些几百年来见证商业精神的"老古董"，成为如今喧嚣世界里的一缕清泉，让前路保持清晰的视野。

人类历史进入石器时代就开始有了工匠，也慢慢有了工匠精神。"有匪君子，如切如磋，如琢如磨。"出自《诗经·淇奥》的这句诗可能是最早赞美工匠精神的语句，描述了工匠在加工制作器物过程中的态度和精神，后来又被孔子用以比喻君子的自我修养。古时，人们把手艺人称为"匠人"，匠人对产品一丝不苟的态度，和现今所提倡的工匠精神一脉相通。工匠精神犹如工匠手中的三棱凿刀：第一条棱是实用与审美，在能工巧匠手中诞生的器物大多是生活用品，如杭州的张小泉剪刀，它来源于生活，服务于生活，浸润了工匠的审美情趣和艺术价值，于是就成了一件工艺品，点缀着人们美的生活；第二条棱是传承与创新，手工技艺依靠师徒、父子等方式代代相传，立足于当地物产，承载了地域文化，形成了独特的技艺和风格，成为地域文化的一种标志物；第三条棱是极致与坚守，工匠往往是寂寞和孤独的，不仅需要用心、专心和耐心，还需要精心、细心和恒心。张小泉作为杭州百年老字号，是杭州城市历史文化的传承，体现了杭州河道之水般温润的秉性与内涵。剪刀看似普通，实则是工匠精神的重要体现。

我国古代的科技曾在历史长河中长期处于世界领先水平，也创造出了璀璨夺目的艺术瑰宝，这与先辈欣赏与敬畏工匠精神，从而实践、弘扬、传承工匠精神息息相关。古人往往用"游刃有余""鬼斧神工""出神入化"等来描述工匠们的精湛技艺，但工匠的价值却一度被淹没在人们的传统观念里。随着乔布斯的推崇，重拾工匠精神的呼声日益高涨，在世界范围内已形成一股风潮。因这一潮流，传统工匠亦发生了"现代流变"，主要表现在其地位、内涵的变化中。工匠精神代表了一种气质：专注、执着、坚定、踏实、精益求精。对工匠而言，哪怕是再简单的工作，也要做到极致。具备了工匠精神的企业，往往是行业里的顶尖品牌，眼中只有对质量的严格要求，对制造的一丝不苟，对完美的孜孜追求。而具备了工匠精神的城市，便具有了"精致和谐"的人文精神，以"美"为魂，以"意"为先，城市中永远跳跃着一颗"匠心"，它曾经描画在西湖的半张扇面上，曾经镌刻在断桥的一把绸伞上，曾经绣刺在丝绸的几枝荷花上，执着而专注，精致且完美；如今，它轻快地敲打在黑色键盘上，严谨地编写在电脑程序里，惬意地行走于互联网时代的火光电闪之中，自由而坚定，卓越且领先。

近年来，我国也大力提倡工匠精神，2016年，李克强总理在政府工作报告中提出，要培育精益求精的工匠精神，增品种、提品质、创品牌。这是工匠精神首次出现在政府工作报告中，体现了国家对工匠精神前所未有的重视。而另一方面，因为工匠精神的缺失，生产制造行业对产品质量把关不严，对利益过分追逐，对发展急功近利的倾向依然明显。重塑工匠精神，成为时代发展的要求和呼唤。而在弘扬工匠精神的行动中，张小泉剪刀无疑是其中的践行者和先行者。

品牌创始人张小泉在创业伊始提出的"良钢精作"，被其后人视为祖训恪守操持。所谓良钢精作，简单地说就是选用好的材料，精益求精地把产品做好，用现在的话来说就是工匠精神。可溯源至明崇祯元年的张小泉剪刀，能走过近400年的风雨依然充满活力，不得不说是一种奇迹。而创造这种奇迹的背后，正是世代相传、执着坚守的工匠精神。在近400年的历史长河中，一代又一代传承者始终恪守"良钢精作"的祖训，秉承工匠精神，工善其事。数百年岁月的沉淀与数代工匠的千锤百炼，逐渐凝固成刀背上那个挥之不去的品牌名称——张小泉。由于张小泉剪刀品质出众，使用者争相传颂，后来还成为宫廷用剪，名播南北，誉满华夏，最终成为中国剪刀行业的象征。时至今日，几乎每一个普通老百姓家里，都有几把张小泉剪刀静静地躺在抽屉里，成为居家生活的重要组成部分。由此可见，对于手工技艺而言，最重要的正是其从上至下、历久弥新的工匠精神，它是手工艺品的灵魂，也是手工艺品最具深意的内涵。

张小泉剪刀生产

改革开放以来，随着市场环境的改变，西方新的营销理念、方式与业态等对中国老字号企业造成了致命的冲击。众多老字号企业由于经营不善而退出了历史舞台，依然存活的也遭遇或多或少的困境。据数据显示，目前仅有约10%的中国老字号企业在市场竞争中处于有利的地位。张小泉正是一家仍保持着强大生命力与竞争力的"中华老字号"，它历经近400年的市场洗礼，至今仍在刀剪行业中扮演着领头羊的角色。作为国内规模最大的剪刀生产企业，张小泉生产的剪刀产品在国内市场占有率一直居同行之首，除供应国内市场外，还远销到东南亚、欧美等地区。现在的张小泉不仅做剪刀，而且还将产品线扩展到了整个生活五金领域，企业的发展可谓蒸蒸日上。

张小泉能成为中国制剪行业的象征，在行业中扮演领头羊的角色，背后的原因是值得探讨的。张小泉剪刀的制作过程，可谓用足了猛劲，真正做到了"良钢精作"。

（一）原材料

要制作一把质量上乘的剪刀，原料是第一保障。因此与以往完全使用生铁锻打剪刀的方法不同，张小泉将钢与铁同时作为锻制剪刀的原料。这是由于同铁相比，钢有着更加坚硬的质地，是制作剪刀刃口的更佳选择，但同时钢也很脆，不宜拿来锻造；而铁相对比较柔韧，用于锻造剪体更加合适，当然也更便宜。正所谓好钢用在刀刃上，为了保证刃口的质量，张小泉挑选了当时浙江最好的龙泉钢作为刃口的材料。

那么如何分辨铁与钢呢？很简单，"试"一下就行：将材料放进火中烧红，再放在水里淬一下，用榔头敲打瓜子大小的一片，断了的就是钢，折弯却未断的就是铁。这就是行话所说的"试钢试铁"。由此也可以证明，钢很硬却也很脆，铁虽软却很有韧性，钢铁合用，刚柔并济，可以发挥各自的长处。因此张小泉以铁为剪体、钢为剪刃的做法，是十分符合科学道理的。

仅仅有上好的材料还远远不够。如何将钢料嵌进铁中，将其制作成刀刃，这是一个难题。张小泉剪刀师傅向人们展示了这一神奇的手法。

（二）拔坯与开槽

首先需要做的是拔坯。在长铁棍的一端确定好规定长度的位置，并将该位置以上的部分放入炉灶内烧到红透，然后立刻拿出来放在墩头上，在烧红处用凿子凿一下，留一点相连，接着再用榔头将铁勾过来，两段铁并在一起。这样，剪刀的两段大小相同的坯料就制作出来了。

铁坯取好后还要开槽。在烧红的条铁上截下两段坯料后，先用榔头敲一下，再按照剪刀规格对应的尺寸，用钢凿在一片坯料的一端开一条纵向槽，另一片也如法炮制，一把剪刀的两片剪坯就基本完成了。

张小泉剪刀工艺流程：拔坯
（张小泉集团有限公司提供）

在这个过程中，需要注意开槽时坯料加温的程度。坯料红说明温度高，凿时就要用力小一点；坯料黑则表示温度低，凿时用力大一点。

（三）打钢

与铁坯相比，钢的处理则比较简单。只需将钢料加热后锻打成符合规格尺寸的长条扁形，然后根据剪体铁坯槽的长度，将打制好的钢料，裁切成长度稍长于剪坯槽的刃口钢料就可以了。

张小泉剪刀工艺流程：出头
（张小泉集团有限公司提供）

不过由于钢的导热散热性能很好，工件的温度下降得比较快，锻打的工作必须两个人配合完成，这样才能在有限的时间内，在保持钢料温度足够的前提下，确保打制出的刃口钢料薄厚均匀，便于进一步加工。

在整个锻制剪刀的过程中，电炉的温度需要一直控制在850度左右，这个温度既利于手工锻打钢铁，又能保证坯料不熔化。当然，在300多年前的剪刀铺里，电炉这种东西是不可能出现的，炼炉的温度只能靠踩风箱和加减木炭来控制，这不禁让我们对古代工匠们精湛的技巧啧啧称奇。

（四）嵌钢

原料初步的处理完成后，接下来就到了张小泉剪刀制作工艺里独有的一步——嵌钢。张小泉打破了千百年来以生铁锻打剪刀的常规，独创性地将钢条嵌入铁槽之内，使之具有了钢铁分明、刃口锋利的特点。先在常温下，将刃口钢料镶嵌于剪体铁坯的槽中，并注意严格控制钢料顶端与槽口的距离，以免出现钢头过长或不够的现象。

将钢料嵌入铁坯后，用电炉加热坯料，使刃口钢发红，冒出火花，这时坯料的温度已接近钢的熔点1515度，在这样的温度条件下，钢与铁可以很好地结合在一起。嵌钢入铁始为刃。这样的过程热烈而短暂，但加热时的火候如何把握，击打的轻重如何掌控，全靠工匠们在长期实践中积攒的经验与感觉。

加热出炉后，将坯料在铁墩上敲一下，然后再将竖着的钢块轻敲几下，两名工匠再配合快速锤击，使钢铁最终黏合，并使钢料处于剪刀刃口的位置。至此，"嵌钢"的处理就完成了。也就是这样一道工序，决定了张小泉剪刀不同于一般剪刀的上乘质量。

打好剪刀头部毛坯后，就将坯料刃口下部敲成90度的直角弯。这步工序叫作"搁弯"。搁弯的处理使坯料出现了剪刀里口尾部，这是一个非常重要的位置。当宋代出现有销钉的剪刀以来，里口尾部就是剪刀的借力点，因此它的形状是十分关键的。

里口尾部的形状是可以"蹲"出来的：将烧红的坯料平放在铁墩上，用铁锤垂直敲击直角部分，这一动作被称为"蹲"，会使剪刀头整体向下运动，最终使里口尾部呈现出一个比较理想的形状。

至于里口尾部要蹲到什么程度才合适，师傅说并没有一个精确的标准。剪刀头的长度大多以肉眼判断，只要在墩头上某个地方划一条线，大致一比划就可以了，但两片剪刀头尺寸需要保证大致相同。蹲里口尾部时还要注意：不要蹲得太多，露出半颗毛豆大小就可以了。

（五）圆壶瓶与装壶瓶

蹲里口尾部的同时，壶瓶部位的铁会被砸扁，所以需要先把壶瓶位置的棱角打掉，使之接近八角形，然后用锤子逐渐敲圆。用行话来说，就叫"圆壶瓶"。

用钳子把剪坯翻个身，钳住剪头背部分，在坯料根部的位置敲一下锤，剪体部分也出现了一个接近90度的直角弯，叫作"装壶瓶"，是为下一步"理头"做准备的。

（六）理头

所谓"理头"就是把剪刀的刀头部分打造成需要的形状。只要将装好壶瓶后的剪头部位放进电炉加热，出炉后锻打成需要的形状，注意把握好剪刀头儿的长短、宽窄、厚薄，"理头"就算完成了。不用说，炉温和力度仍然是关键。

（七）挖里口尾部

"理头"完毕，就得着手精加工先前蹾出的里口尾部了，行话叫"挖"。用铁锤轻轻敲击，使剪背从尖头到剪根基本达成一条线，里口尾部就挖好了，形状基本近似于一个正方形。这个正方形的大小是有讲究的：如果太大，两片剪刀相配时，这个位置往往就会向外鼓出来，影响剪刀的美观；如果太小，剪刀的借力点无法借力，用起来就会很费力，剪切效果也不理想。

里口尾部挖好以后，再用榔头角在眼位敲一锤，使装销钉的位置变薄，有利于下一步"冲眼"工序的操作。这一锤也需要功力，看得准，敲得准，才会有很好的效果。

（八）抢壶瓶与拎口线

为了使每片剪刀规格统一，口线平直，工匠会将剪刀口朝上，把壶瓶的位子搁在铁墩上用锤子敲一下，并把剪刀刃口朝下搁在墩头上，再用锤子在剪刀背上拍一下。用行话来说，敲一下的动作叫"抢壶瓶"，拍一下的动作叫"拎口线"。抢壶瓶的关键就是敲，拎口线的关键则在于拍。

这一敲一拍看似稀松平常，却是十分考验技巧的，两下的力度太重或太轻都不行，只有经验丰富的工匠才能把握好。

（九）整理与装配

经过这么多道工序，一把剪刀已现雏形，但是因为还没有形成锋利的刀刃，两片剪刀还不能连接在一起，所以还需要许多琐碎的细节加工。这些工序虽比不上前面的复杂，但同样需要丰富的经验和老道的功力。

首先要做的是改里口。将剪刀头夹在锉凳上，用中方锉把整个里口锉平，并将坯料表面的黑疤锉白，里口就改好了。业内俗称这一步为"改清"，要求是把剪刀表面黑疤锉白，使剪刀表面没有大的瑕疵，达到清一色的效果。

里口改好了还需要锉里口尾部。锉的方法与改里口一样，将剪刀头穿进去，固定住，在锉凳前装一只铁环，以控制锉刀运行方向。人可以坐着操作，一手固定剪刀，一手拿锉刀，将剪刀里口尾部锉平整。

里口改好了就该"打下脚"，也就是将握剪刀的把手打出来。把坯料放进电炉加热后取出，将剪头下部的坯料锻成方形，再把棱角打掉使之相对圆润，上粗下细呈鼠尾状的剪股，"下脚"就形成了。脚的长度和粗细取决于师傅的每一次锤击，当中的过渡要平缓，以免"下脚"出现竹节状。同时还要保证两片剪坯的下脚长度基本一致。如果下脚过长，就要用凿子将剪刀坯下脚多余的部分凿去；如长度不够，则要加热拔长。

打完下脚后，要在剪刀里口尾部按规格尺寸，先用冲头冲出一点眼印，再按眼印点，用冲头凿出装剪刀销钉的"通孔"。通孔的位置一定要处于中心，且上下要垂直，冲头边缘要光滑、美观。从改里口到冲孔，都不会直接影响剪刀最基本的功能——剪切。而直接影响这一功能十分重要的一个结构就是"鹅毛缝"。

这要从剪刀剪切的原理说起了。剪刀在剪切时，两片之间刃口相交的交点不断向前移动，从而切断物体。交点向前移动时不能有间断，同时也不能使剪刀里口任何部位与刃口接触，这就给剪刀生产提出了很高的要求。所以好的剪刀，两个剪头剪合在一起时就会在中间形成一条非常细的缝，行话叫作"鹅毛缝"。

这条缝无论过大还是过小，都会影响剪刀的剪切性能。所以为了保证剪刀的质量，两条刃必须有一个适当的弧度。这一弧度必须依靠手工敲打，敲打的同时还需要保证剪刀刃口线是直的，而且两片剪子的弧度也必须一样，这又是对工匠手艺的一大考验。

敲好缝道后，再将剪刀片反复敲打，使剪体钢的结构组织更细密，增加钢的韧性，使剪切效果更佳。这一工序不需要加热，只需在常温下进行。但经过这样的处理，销钉眼位有可能变形缩小，所以还需要用冲头对眼位重新冲孔。这样做一方面是为了符合工艺要求，另一方面是为了方便下一道工序——冲外口的操作。冲外口就是将剪刀固定在锉凳上用大锉刀锉出剪刀外口的初步形状，接着对外口的初步形状用锉刀再进行第二次加工，锉后使外口薄厚均匀，刃口线平直。

剪刀外口锉好后，接着用锉刀对剪刀坯核桃肉部位进行加工，方法跟冲外口一样，都是用锉刀锉，让剪刀根部达到平整状态。再通过钳手师傅的操作，使剪刀外背与侧背平整。

根据锉方向的不同，分为砲头、倒角，一个由里往外挫，一个由外往里挫，其作用就是让剪刀侧背与外背相交线变钝，不易割破皮肤的同时，保证剪头轮廓清晰；另外还有挫芝麻头，即把剪头尖部突出的部分用锉刀一下子就锉掉的锉法。

通过以上几步细加工，剪刀的外形基本上就确定了下来。接下来就要把打制好的剪刀按眼位高低，头片大小、长短、壶瓶高低相配，把最接近的两片组合在一起，配成成品剪刀。

（十）粗细磨与淬火

一把剪刀是否好用，最终还要看刀口是否锋利。刀要锋利就得靠磨，而张小泉制剪中磨剪的方法又是另一个亮点。磨剪时先用粗山石对剪刀里外口面进行粗磨，将锉刀锉过后在剪体表面留下的痕迹磨干净，并保持刀口线平直。磨剪刀时，工匠们的手必须保持平稳，还要用木块按住剪刀，以防止手被刀刃割伤。

粗磨完成后需要进行细磨，但是在此之前还有一道重要的工序——淬火。

淬火同嵌钢工艺一样，是决定剪刀韧性强度的关键，具体操作方法是将剪坯头部放入红炉加热，使剪坯

张小泉剪刀工艺流程：冲眼
（张小泉集团有限公司提供）

张小泉剪刀工艺流程：刻花
（张小泉集团有限公司提供）

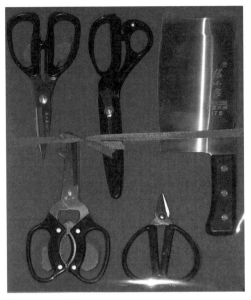

张小泉剪刀样品

头呈杨梅红色，剪背在下，刃口在上，置入水中冷却，这样剪刀刃口钢就有了一定的硬度。淬火时，要先将剪背入水，剪背厚不易变形，然后再把整个剪刀浸入水中，水温要控制在50到60度以下，如果水温过高就要换一盆凉水。淬火完成之后，一把剪刀的剪切能力便就此定格。

接着才能继续细磨。细磨里外口时，首先要将粗山石换成细山石，它的作用不仅是将剪刀磨得更加锋利，同时也会把淬火时形成的黑疤磨干净。细磨的时候要注意保持剪刀刃口线挺括一致，使剪刀钢铁分明，这样刃口看起来比较美观。说到这细磨时用到的细山石，张小泉当年还特地选取了产自镇江质地极细的泥砖作为磨石，磨出来的剪刀不仅锋利，更是光可鉴人，实实在在做到了中看又中用。

张小泉及其后代给人们留下了精湛独特的剪刀制作工艺，当时虽然只具备"一只风箱一把锤、一块磨石一只盆、一把锉刀一条凳"的简陋条件，但他们仍总结出了72道工序，足见其智慧和心血。值得称道的是，张小泉剪刀的创新之处，不仅体现在技术方面，还体现在艺术方面。张小泉制剪法中，两项独特的制作技艺历经磨炼被继承了下来：其一为嵌钢锻造法，其二则是刻花。1921年，张小泉的后代张祖盈率先将剪刀刻花添加到剪刀的制作工艺中。该工艺以凿子、铁锤和铁墩为工具，由工匠在剪刀表面刻字留画；在刻上花鸟鱼虫、山水田园的同时，也会刻上商号名以便识别生产厂家。

时代在变，百年老店的祖训却没有变，"良钢精作"的理念已经融入现代工业生产中，一把小小的剪刀，传承着现代的工匠精神。这种精神不仅是张小泉剪刀得以脱颖而出的核心，更是当下中国制造、中国创造应当具备的精神。

四、以诚之心，推陈出新

近年来，张小泉改革进程加快。2007年11月，张小泉与富春集团战略合作，张小泉的注册资金增加了一倍，股份结构彻底改善，经营状况有了显著提升。2008年，张小泉的销售额是1.8亿元，2009年公司实现销售2.3亿元、利税1500万元。百年老字号张小泉在今朝焕发勃勃生机。张小泉的发展既有国家层面的支持，亦有地方政府的帮助，更有一代代掌门人为之倾注心血，例如杭州张小泉实业发展有限公司董事长张国标先生的创新与努力，可谓对张小泉企业近年来的发展奠定了重要基础。

拥有数百年历史的张小泉中华老字号一直是国人的骄傲，对于张国标来说也

张小泉剪刀博物馆

张小泉专卖店

不例外。据张国标个人描述，在他很小的时候，如若家里能拥有一把张小泉剪刀，那是一件非常让人开心且令人羡慕的事情，因此在他的内心深处，对"张小泉"这个百年老字号品牌一直怀有一种崇敬的心情和由衷的喜爱。正是源于从小对张小泉剪刀的喜爱，张国标在接手张小泉后便努力开拓，开始进行控股改造。现在的张小泉已拥有200多个品种、700多个规格的产品，不单单做剪刀，还做指甲钳、餐具，甚至向医疗用剪方向发展。根据消费者的生活需求，研发部门正在不断细化功能，邀请国际知名品牌咨询管理公司InterBrand进行品牌重塑。目前，张小泉计划每年要推200多个新品种，这些新品需要大量工艺设计、产品外观设计、模具设计的研发人才，更需要大量懂营销的业务人才。企业不断扩张和升级，对人才更是求贤若渴。

张小泉企业管理班子认为，与"双立人"、瑞士军刀这样的国际大牌相比，张小泉的质量一点都不逊色，需要增强的是品牌的力量。老字号几百年来往往就靠口碑相传，面对改革开放以来的市场经济大潮，难免显得势单力薄。"张小泉人"认识到，必须要用现代企业的理念来进行企业管理、研发、营销，打造与国际市场接轨的品牌体系。通过品牌重塑，让张小泉这个中国刀剪品牌不断增值、拓展和升级，最终实现从单一的生产制造向品牌运营转变。"在坚持良钢精作的基础上，张小泉持续创新。我们从德国引进生产设备，从瑞士进口最好的钢材，将生产过程中凭老师傅经验观察的热处理，转变为可量化的热处理等。张小泉作为手工艺传统品牌，工匠精神贯穿发展始终。"董事长张国标如是说。

张小泉企业创新之路的关键在于，确定了从单一的生产制造向生产制造与品牌运营并重转型的经营战略。首先，完成了对上海张小泉刀剪总店的收购。自此，上海张小泉与杭州张小泉同归一宗，终于结束了长达几十年的品牌之争。另一方面，面对一流企业的经营智慧，张小泉找到了缩短差距的"命门"，比如在制造上提高核心竞争力，升级生产设备，生产一流的产品；在市场营销上提升渠道价值，而突破口则是终端直销。现在走进张小泉的产品展示厅，参观者会被琳琅满目的剪刀晃花了眼：除了最常见的不锈钢民用剪外，还有厨房剪、指甲剪、旅行剪、儿童剪等。把刀具包装成礼品，是从瑞士军刀那里得来的启示，如今张小泉正在很用心地开发礼品这一市场。作为2010年上海世博会产品的特许生产商，张小泉一向不缺乏创新的勇气。2015年开始，张小泉启动品牌整体规划工作，一步步向"打造具有自主知识产权的世界著名品牌"目标迈进。

除了在产品方面的创新以外，张小泉也积极在营销、企业管理等方面实现创新创意。随着网络时代的到来，移动互联网、物联网、商业智能等迅速崛起，从"江南粽子大王"五芳斋到传承千年文化的西泠印社，再到拥有数百年品牌历史的张小泉，一批又一批杭州老字号企业开始加入网络大军。张小泉加入网络营销是在2010年的4月，而其开启网上销售的初衷只是为了减少库存积压。但出乎意料的事发生了，仅在短短3个月内，网络营销使张小泉的销量增加了将近10%。张小泉最初加入电商行业，仅仅只是抱着试一试的态度，最终的成功也可以说是"无心插柳柳成荫"了。从品牌年轻化到恰逢其时的电商之路，近400岁的张小泉为我们呈现的是一个"老字号"如何"焕新"、如何更好地抓住新生代消费者心理的标杆案例。良心好产品、与新生代消费者玩起来、最好的电商通路……张小泉其实已经走在了另一条"传奇"之路上。而张小泉在发展中也同样面临着一个不可回避的重要问题，就是在文化传承提炼方面仍然存在误区。让上到管理层、下到一线员工的所有"张小泉人"真正理解肩上承载的民族情怀和责任之重，将成为其迈向下一个百年的根本所在。

此外，2017年9月19日天猫开启了扶植老字号的"天字号"计划之后，大批老字号品牌云集响应。目前，全国已有超过600个"中华老字号"品牌进驻天猫。在"天字号"计划的推动下，未来将有更多老字号在天猫焕发青春，从地域品牌逐渐走向国民品牌。地方政府也鼓励电子商务企业与传统企业合作，推动线上、线下融合发展，一方面支持百货、老字号、超市、购物中心等传统零售企业开设网购体验专区，鼓励传统零售企业入驻第三方平台开展线上营销活动，对符合支持条件的相关费用按照最高50%的比例予以资金支持；另一方面，支持电商企业开设线下体验店，对符合支持条件的相关费用按照最高50%的比例予以支持。在这一片创新发展的沃土上，张小泉不失时机、锐意进取，积极参加全国老字号电商联盟，与主流第三方平台如京东、淘宝等开展电子商务平台合作，联合建立老字号专区、专馆，组织老字号企业联合进行产品电子商务营销，形成规模电子商务效应；同时加强商务互联网人才的培养，推动传统经营模式的转化。

除了对本土市场的开拓，张小泉也开始着眼于海外市场布局。经历近400年的风雨，如今张小泉锁定了新的目标：拓展海外。在海外产品的包装上，张小泉的片刀都有一个统一的名字：中华菜刀。这就是文化传播。老字号出海，不只是商品出海，更是文化出海。与此同时，为了拓展海外市场，对标国际一流，张小泉不断倒逼自我，每年投入上千万元人民币进行技术和设备上的研发改造。在国内，刀剪五金行业的检验标准较少。这让张小泉在面对一些要求提供标准的海外客户时，很难证明自己的品质。"说我们的剪刀锋利，但是如何向客户说明有多锋利？"为此，2015年，张小泉创立了一个理化实验室，用定量的方式来呈现产品质量。"比如，我们用磨砂纸做试验，一刀下去，可以割断几张磨砂纸，就能证明刀有多锋利。"在行业内，这是一个大的创新，同时，张小泉也有了更多能说服海外客户的数据。如今，张小泉每年的海外销售额从无到有，节节攀升，但这个数字还远远未达到张小泉公司总经理夏乾良的预期。夏乾良说："我们的愿景，不是和某某国际品牌一较高下。张小泉的国际市场潜力很大，我们应该用未来的眼光看现在，用全球的眼光看中国。"

对于"中华老字号"而言，创新既是其有效传承产品、文化、历史的途径，也是其自身立足于当下社会的基础。对张小泉而言，保证产品的更新换代，不断丰富企业产品，不仅可以满足消费者日益多元化的需求，还可以有效传播自身的品牌文化；而对市场的开拓，则让张小泉从杭州的金名片成为中国家庭家喻户晓的好品牌，进而成为中华文化的承载者、展示者。

龙凤剪

五、结语

　　张小泉从建店至今，已走过近四百个年头。它从一家名不见经传的刀剪铺一步步发展成为一个具有代表性的"中华老字号"品牌；它从徽州一个小县走到杭州大井巷，走进了全国千家万户的生活中、心窝里。作为中国第一批"中华老字号"之一的张小泉，数百年来始终坚持着"良钢精作"的祖训，保持着精益求精的态度，重质量、创品牌，紧跟市场、灵活机动，把握良机、先知先变，最终成为中国制剪行业拥有深厚文化底蕴的一张金名片。

　　"北有王麻子，南有张小泉"的赞誉在大江南北流传了上百年。在时代更迭与经济发展中，"张小泉"历经风雨，依旧走在自己前进的道路上，且每一步都

中国刀剪剑博物馆

走得非常稳健。

名牌被盗用了，就去保卫，让它重新展现自身价值；资源跟不上现代化的发展，就去改变，使它焕发出新的生机；竞争力不足，就去提升，让它有足够的能力走向世界……

在机械化生产的时代，手工锻造似乎已经逐渐远去，但它的独到之美，依旧无法被替代。虽然如今坚守传统手工锻造的企业越来越少，但总有那么一批甘愿为传承手艺而倾其一生的人没有停下奋斗的脚步。手工锻造的每把张小泉剪刀都不会相同。良钢精作，千锤百炼，铁匠们赋予这一把把精巧剪刀的不只是工艺、技巧，更是一种情怀。

张小泉展柜

孔凤春：一缕粉香绕钱塘

"孔雀低飞凤凰栖，更欲讨春香"——孔凤春之名便是源自孔传鸿的梦。从凤雀托梦到储秀宫风波，再到南极救人显神效……孔凤春的故事传遍杭城，一缕粉香在钱塘萦绕，百年来历久弥新。这一路，它虽曾历经风雨飘摇，但千帆过尽，依旧重展"春"色。烈火涅槃真凤凰，或许正是对孔凤春最好的比喻。

一、奇闻异事趣味生

生于杭城的孔凤春自然具有江南水乡所特有的气质与风韵，正如同薄雾腾升的西湖盛景给人以奇思妙想一般，在孔凤春的百年药妆历史上，也诞生出诸多深入人心的奇闻趣事。这些传说在杭州祖祖辈辈口耳相传中成为人们美好的童年记忆，生生不息，历久弥新。

（一）凤雀托梦

清同治元年三月十六日（1862年4月14日），清河坊四拐角的西南角出现了一家店号，牌匾上书"孔记香粉号"。前来贺喜的客人看后，说："店虽雅，号却俗了。"这番话令店主孔氏三兄弟苦恼不已。老二孔传鸿常在夜里辗转反侧、苦思冥想，却仍然想不出理想的店名。一日午后，孔传鸿像往常一样趴在八仙桌上午睡，迷迷糊糊中，仿佛看见一对孔雀和凤凰凌空飞来，翩翩起舞，祝贺开店大吉，其景美妙无比。孔传鸿一阵喜悦，顿时从梦中惊醒，心想："孔雀凤凰都是吉祥之物，把它们当作店名岂不是最合适？"于是，孔传鸿便立刻命伙计找书法名家另书秀雅的"孔凤春"三个大字，制成牌匾，置于店门上方。店名以"春"结尾，还蕴含着讨"春香"的吉利。此后，这家专营化妆品的孔凤春香粉号便在清河坊四拐角与宓大昌杭烟店、万隆南肉火腿店、天香斋茶食糖果店各居一方，呈四足鼎立之势，各自生意红红火火。

（二）储秀风波

慈禧太后，作为晚清社会统治者与宫廷独裁者，生活极其奢侈。为永葆青春，她酷爱美容，不断收集世间保健珍品。传说有一次慈禧太后在化妆时发现自己的鹅蛋粉用完了。因该鹅蛋粉能使皮肤变得细腻光滑，是慈禧每日出门前必用的化妆品，但此种鹅蛋粉只产于杭州的孔凤春商铺，宫内一时没有备用品，无

鹅蛋扑粉

法出门的太后在储秀宫大发雷霆，弄得宫女、太监个个人心惶惶。总管李莲英紧急电谕杭州制造局，命孔凤春伙计连夜加工生产太后御用的鹅蛋粉，并下令快马加鞭将孔凤春鹅蛋粉送进宫，这才平息了太后的怒火。由此可见，孔凤春辉煌之时，其鹅蛋粉为皇家特供之品，寻常百姓很难在市场购得，有"一粉千金"的说法。

（三）首例维权

光绪三十四年（1908），孔凤春商号声誉日隆、佳名远扬，生意蒸蒸日上。与此同时，一些闻风而动、声形相似的假冒伪劣品牌也混淆在市场上，诸如"孔凰春""扎凤春"等冒牌货层出不穷。这些伪劣产品严重扰乱了市场秩序，损害了孔凤春的名誉，孔凤春商号请求浙江全省农工商矿总局保护商标。十二月，农工商矿总局根据钦定商业律法，对冒牌者明令取缔，并晓谕公众："此后，任何私人开设的香粉店不得冒用'孔凤春'名号，不得连用'凤''春'二字。"这

孔凤春商标

为孔凤春品牌的良性发展奠定了坚实有力的基础，也成为中国有史以来第一起胜诉的商标维权案。

（四）申冤善举

光绪年间，余杭士子杨乃武应乡试中举，摆宴庆贺。房客葛小大妻毕秀姑颇有姿色，人称"小白菜"。她本是葛家童养媳，曾在杨家帮佣，与杨乃武早有情愫，碍于礼义名分，难成眷属，只得各自婚娶。余杭知县刘锡彤曾因滥收钱粮敛赃贪墨，被杨乃武联络士子上书举发。被断了财路的知县心怀怨隙。其后不久，其子刘子和迷奸了毕秀姑，又把其夫葛小大毒死。刘锡彤为保住儿子性命、发泄私愤，竟移花接木，把杨乃武骗至县衙，严刑逼供，以"谋夫夺妇"将其问成死罪。杨乃武在狱中经历严刑拷打、迫写冤状，其悲惨遭遇为百姓所同情，在民间和商界引起轩然大波。胡庆余堂创始人胡雪岩、孔凤春创始人孔传鸿等人联名写状上书，并资助杨乃武姐姐上京告状。后来事情传到宫中，慈禧太后深知孔凤春等商号重名、求实的传统，下令重审案件，使杨乃武的冤情大白，并流放余杭

孔凤春珍珠霜

南极之光

知县刘锡彤至黑龙江服刑，以为严惩。孔凤春商号的善举一时被人们传颂，也推动了商家的产品走出江浙，走向全国市场。

（五）南极之光

1983年2月3日，国家海洋局研究院蒋加伦研究员在南极爱丽丝海峡考察时不幸落水，手脚严重冻伤。鉴于蒋加伦的严重伤势，随行医生准备对其进行截肢手术。在手术开始前，队员们抱着试试看的心态，将随身携带的孔凤春珍珠霜涂抹在蒋加伦的伤口上。不久，奇迹出现了，蒋加伦发麻的手指恢复了知觉，孔凤春珍珠霜让他免去了截肢之苦。孔凤春商号得知这一事件后，特意赶制了一批高级珍珠霜，赠送给考察队员。在南极恶劣的气候环境下，考察队员擦了孔凤春珍珠霜，起到了良好的防冻护肤效果。为了表示感激之情，南极考察队副队长沈毅楚和蒋加伦还曾当面向孔凤春领导致谢，并为孔凤春题词："孔凤春厂珍珠霜，南极考察显神效。"由此，孔凤春珍珠霜凭借"手脚救护神"之名受到更广泛的关注。

二、忽如一夜暗香来

自古以来，脂粉便是闺阁女子必备之物，而天下香粉业之盛，莫过于江南一带。细细数来，孔凤春、戴春林、谢馥春等香粉老字号，均聚集于扬州、杭州等地，并非偶然。此类情形与江南地区的物产、文化、商业和历史之间有着不可分割的关系。江南一带向来都是才子佳人的梦想之地、文人骚客的灵感之源、官宦羡慕的江湖之闲，良好的自然环境、富饶的物产资源、稳定的社会秩序，加之人文气息的熏陶渲染，成就了江南的闲适和静美，构成了江南的包容和多元。或许正是在江南这样的市井天地、佳人闺室的闲适之地，古人才有时间、有精力去思考人生之美、生活之美，才能创造出诸如孔凤春这样的传世佳品。

中国妇女使用妆粉至少在战国就已开始了，最古老的妆粉有两种成分：一种是以米粉研碎制成，故"粉"字从米从分；另一种是将白铅化成糊状的面脂，俗称"胡粉"，质地细腻，色泽润白，并且易于保存，所以深受妇女喜爱，久而久之就取代了米粉的地位。

隋唐时期，中华文明继续发展，国力的强盛，也带动了国妆的发展。与之前

〔明〕蓝瑛《纨扇仕女图》

〔清〕陈枚《月曼清游图》

历代的化妆流程不同，唐朝时人们对妆容有了更高的要求，唐代妇女的化妆顺序大致如下：一敷铅粉，二抹敷脂，三涂鹅黄，四画黛眉，五点口脂，六描面靥，七贴花钿。隋唐时期中国药妆的兴盛也影响到域外，为之后药妆的发展奠定了基础。

宋代前后更是我国药妆普及到民间的重要时期，扬州就出现了专门以经营销售香粉为主的化妆品店铺作坊。

至清代，我国药妆又有了新的发展，东南沿海的美容化妆品小作坊，在唐、宋、元、明时代就已存在，但到了清代规模不断扩大。清代女子的面部化妆趋向淡雅、简约，繁复的面部图案和装饰物如花钿、面靥等已基本退出历史舞台，但对于胭脂水粉的喜爱仍然依旧。早在元、明两个朝代，扬州地方志中就有记载："天下香粉，莫如扬州，迁地遂不能为良，水土所宜，人力不能强也。"到了清康熙年间，各地来往贸易的商贩较多，将扬州香粉带入京都，传送进皇宫，颇得皇帝喜爱。因而，当时扬州百姓将扬州香粉冠称为"宫粉"，这样一来身价提高了百倍。由此可见，清代国妆的发展既有自然的因素，也有商贸的因素。

素有"人间天堂"美誉的杭州，有着许多家喻户晓的老招牌，孔凤春就位列其一。孔凤春香粉号距今已有159年的历史，商铺以重视质量、用料讲究、制作精细、香型馥郁等特征，深受顾客喜爱，成为江南著名特色商品之一。"胭脂彩夺孙源茂，宫粉首推孔凤春。北地南朝好颜色，蛾眉淡扫更何人。"这是当年孔凤春引领上流女性时尚的生动写照。

那么，孔凤春这一有着159年历史的国妆品牌经历了怎样的变迁？它又是如何焕发青春、重回主流市场的？这一切还要沿着开篇提及的清末孔凤春开业那段故事继续讲下去。

话说在清同治元年三月十六日清晨，在杭州河坊街四拐角的西南面传来了阵阵鞭炮声。人们闻声簇拥而去，原来是一家名为"孔记香粉店"的商铺正式开张，商铺的主人正是孔家三兄弟。兄弟仨换上新做的长袍马褂，喜笑颜开，对着顾客纷纷作揖。孔家原籍萧山，后迁居宁波。老大孔传之学木工手艺，老二孔传鸿做"刨花"生意，老三孔传福学染布。兄弟三人因宁波生活景况不佳，在咸丰年间迁到杭州，在清河坊设摊经营香脂、水粉、小百货、杂货等零星日用品的小买卖。老二孔传鸿生得慈眉善目，为人忠厚老实，开香粉店最初就是他的主意。祖籍萧山的他，年纪轻轻就只身前往杭州，背着货架来往于大街小巷做生意。在经营过程中，他发现销量最佳的是鹅蛋粉与刨花这两种化妆品。所谓鹅蛋粉，是旧时妇女美容、绞面用的化妆品；而刨花则是榆木刨下来的薄片，具有丰富的胶汁，用清水浸泡刨花，就会成为黏而不腻的"刨花水"，是旧时妇女梳头用的必需品。此外，演戏的旦角也用它来造发型、贴鬓发（行话叫"贴片子"）。后来，他看到城隍山烧香的人不少，便在大井巷环翠楼边摆起了小摊，专卖刨花、香粉、红绿丝线等一些小杂货。孔传鸿做生意向来童叟无欺、价格公道，再加上货物质量上乘，不出几年，他就积累下了一笔资金。

孔传鸿见做香粉生意可赚大钱，于是拿出积蓄，并向友人借贷，还叫来了会木工手艺的老大孔传之和会染坊手艺的老三孔传福，兄弟三人合计后决定开个店铺扩大经营。如此，一来可以有个固定地点，免去辛苦奔波的劳累；二来也可以在店后设个作坊，自产自销一些自己的商品。于是，他们在清河坊四拐角租了一间房子，开起了"孔记香粉号"，专门从事香粉、胭脂、刨花之类化妆品生产和销售。谁曾想，这缕萦绕钱塘的芬芳，后来竟持续百年，历久不衰。

店铺一开张就备受好评，三兄弟研发出好几种名震一时的王牌产品，主要经营鹅蛋粉、茉莉花粉、雪花霜、莲花霜、生发油等十余种化妆品。孔传鸿与清廷慈禧太后御医李德立、庄守和、张仲元为莫逆之交，加之其勤学敏思，从御方古典中遴选并研究出美容秘方，从花草珍木萃取菁华，注入胭脂香粉中，使其细腻温和，香气久留不散。其中引人注目的当属历经15道工序、以蛋清与香粉制成的鹅蛋粉了。鹅蛋粉因状如鹅蛋，故名鹅蛋粉。它采用产自太湖边的"吴兴石"，经加一定比例的钛白粉，再倒入缸中加清水搅拌。经多次漂洗、沉淀、过滤，除去不纯的水和杂质，提炼纯净，然后加入"蛋清"，按不同香型，放入温蒸煮而成的鲜花露水，拌匀后，用木模印成椭圆形，放在阳光下晒干，最后用手工修整成鹅蛋形。成品香气持久，纯天然的原料和制作工艺最大限度地保留了自然、

孔凤春鹅蛋粉

健康的气息。鹅蛋粉因其制作精细、用料考究、细腻爽滑，成为当时同类产品中的佼佼者。时人称："胭脂彩夺孙源茂，宫粉首推孔凤春。"随着孔凤春香粉口碑的传播，越来越多的客人慕名而来。此外，每年杭州城科举会试后，才子们总会来到清河坊一带买些剪刀、丝线、香粉之类的日用品，作为馈赠亲友的礼品带回去。这也有助于孔凤春香粉名声的传播。后来，随

孔凤春鹅蛋粉十五道传统工序

着越来越多的浙江籍举人进京做官，他们随身携带的孔凤春香粉成为馈赠佳品，宫中的妃嫔们也慢慢从自家亲戚处得到这种早已经在宫外流行的香粉。

经过多年的苦心经营，孔凤春先购进清河坊店基，后来又购得官巷口双开间店屋。该屋前临中山中路大街，后傍河道，原料装运方便，前店后场，实用面积大，因此孔凤春业务中心逐步移到官巷口，以官巷口为总店。清河坊老店为门市部，共有职工40余人。除生产原有的鹅蛋粉及生发油外，还增加了高级生发油、花露水、雪花膏、纸袋装玳玳花粉、茉莉花粉，兼售高级香皂、香粉。由于质量上乘、备货齐全，备受消费者信赖，其业务在同行中可谓首屈一指。孔凤春生

孔凤春鹅蛋粉旧物

意最旺季是每年农历二月，这时湖州、嘉兴、金华、兰溪等杭州周边地区乡镇农民成群结队到杭州烧香还愿。在"香汛"期间，孔凤春单是水路接待香客就达1.6万人左右。从清早直到晚上，顾客不断，营业额高的一天达七八百元。孔凤春香粉号还摸透顾客的心理，编成谚语招徕香客："买块花儿粉，蚕花廿四分。"这让以养蚕为生的百姓很乐意在烧香还愿之后再买一些鹅蛋粉，讨个好口彩，图个吉利。而且孔凤春的鹅蛋粉有不同档次，低档的仅售十几个铜板，很受寻常人家的欢迎。除商品质量上乘外，孔凤春香粉号对商品包装也十分重视，高档鹅蛋粉以玻璃锦盒盛装，低档的以精制纸盒包装，这既满足了不同人群的消费需求，也提升了产品的档次。

到20世纪二三十年代，孔凤春香粉号发展到其历史上最辉煌的黄金时期，当时的孔凤春产品既供应皇家，又贴近寻常百姓家。亲民的价格和销售方式，加上皇家御用贡品的优良品质，更让孔凤春走进了大众的视野中。依靠优良的口碑、质量过硬的品质、适合大众的销售模式，孔凤春香粉拥有越来越多的顾客。据民国二十年版《杭州经济调查》记载的数据显示，当时杭城的大小化妆品店业共计16家，而孔凤春香粉号资本数就占总资本数的55%左右，营业额也占到总数的50%左右，可以说独占鳌头。16家化妆用品商家中，唯有上海名牌"广生行"能与"孔凤春"相匹敌。孔凤春香粉号凭着可靠的产品质量、良好的商业信誉和传统的金字招牌，与张小泉剪刀齐名。1929年，第一届西湖博览会在杭州召开，孔凤春香粉号也参加了展览，结果竟有8个产品获奖，吸引了世人的目光。由于孔凤春香粉号在第一届西湖博览会上大放异彩，再加上质量过硬的美妆产品，当时上流社会的小姐们都以用"孔凤春"产品为富贵荣耀的象征，扑上鹅蛋粉，涂上白玉霜，梳上生发油，当窗理云鬓，对镜贴花黄，真可谓"北地南朝好颜色，蛾眉淡扫更何人"！

然而世事难料，好景不长，孔凤春欣欣向荣的事业受到战争的巨大影响，以至于濒临崩溃。1937年，杭州沦陷，工商业停顿，孔凤春也同遭厄运，大部分职工被遣散回乡。为了维持经营，在上海四明银行任职的六老板孔炎斋建议分散资金，在上海重点打造销售处，而杭州只负责生产。于是孔凤春香粉号聘请陈四海为负责人主持业务，在上海天津路长生里设立发行所，工场设在淮海中路。发行所实际是孔凤春香粉号的总管理处，杭州的业务、经济调度、原料输送接应都由上海节制。产品有雪花膏、莲花露、花露水、生发油、袋装茉莉花粉等等。为在上海站稳脚跟，孔凤春香粉号到街头巷尾每个角落的小商店去推销，看样购货，送货上门，不合销可退，月终结账。就这样，孔凤春香粉号在上海发行所经营了八年，于1947年结束业务，归并杭州总店。

杭州沦陷后，日伪组织维持会用软硬兼施的手段威逼商店复业，孔凤春香粉号只得开门应市。日伪统治时期，化妆品生意清淡，除护肤霜一类尚有销路外，其他商品乏人问津，孔凤春香粉号的零拷[1]雪花膏、生发油的做法应运而生，惨淡经营，勉力维持。当时的掌门人是孔旭初，系孔凤春香粉号的第二代继承人。这时的孔家因早前经营得当，积累下丰厚资产，可谓家大业大。正因如此，也引发了几家人的钩心斗角，在财产分配问题上明争暗斗、人心失和。国不成国，家不成家，在家国遭难的重大打击下，孔旭初自觉无法承担，意志消散，万念俱灰下选择了自尽而亡。连年的战争破坏，第二代掌权人的自杀，使得这个原本在梧桐树上摇曳多姿的金枝凤连遭祸难，漂泊不定，难以为继。

孔家三代单传，在当时正值壮年的是第四代"立"字辈，孔靖则是这一代中的大姐，孔旭初正是她的爷爷。提起家族里的事情，孔靖表示知情不太多。"爷爷为人厚道老实，勤奋扎实，最后却落得这样一个下场。"孔靖回忆道。孔旭初去世后，孔凤春香粉号经营的重担就压在了孔靖父亲孔广运的身上。孔广运有着孔家人的传统性格：扎实、厚道、勤奋。那时，战争的硝烟渐渐散去，和平的曙光慢慢来临，在沪江大学攻读化学专业的孔广运遇到了温婉聪明的龚昭彤。一个是商界巨擘后代，一个是中国驻法总理事的女儿，才子佳人的相遇造就了一段金玉良缘。"母亲并不是很漂亮，但气质很好，她自小随家庭在法国长大，通晓英、法、德多国语言。"谈起小时候的生活，孔靖眼里充满了神采。孔靖还有两个兄妹，那时一家人就住在现在位于杭州枝头巷27号的一幢老房子里。"房子是一幢四层楼的洋房，装的全是落地玻璃，周围还有两个足球场那么大的院子，里面亭台楼阁、花园林木样样俱全。"根据孔靖的描述，她家的生活是殷实和幸福的，家里有专门的厨师，每个小孩也都有各自的保姆照看。她母亲留过洋，所以

---

[1] 沪语"零拷"，指拆零销售，单位小至"两"。

孔凤春雪花膏

开张

给小孩子们过生日也是做蛋糕、牛排和沙拉的。平常休息时间,她父母亲还会听古典音乐、跳交谊舞、弹钢琴,是当时典型的富足人家生活。"你可别把我们当时的生活神化了,"孔靖平和地说,"我们虽然生活比较富裕,但父母都秉持着节俭的作风,我们孔家人从来都信奉一句话'老老实实做人,脚踏实地做事',我想这也是孔凤春能一直流传下来的原因。"

随着和平日子的来临,孔凤春香粉号终于迈进了一个平稳的发展时期。中华人民共和国成立后,孔家人一颗再现祖业的心又复活了,他们发展祖业的春天来了,凤凰又将起飞。1953年,全国工商业改造,孔广运把孔凤春香粉号送给了国家。就此,孔家人与孔凤春失去了关系。经验丰富的经理人曹孝融和学徒出身的高文荣担任了孔凤春管理者,孔凤春香粉号成为孔凤春化妆品厂,由杭州市商业局领导。改制后,员工根据自身特长,被分派到指定的工作组中,工作内容不再是杂乱无章,制粉的、制膏的、负责包装和专门售卖的都清楚明了。孔凤春从曾经的作坊,变成了现代工厂。虽然失去了孔凤春,但看着自家曾经的小作坊发生的巨大变化,自己也能为企业出一把力,孔家人无不欢欣鼓舞。然而好景不长,当孔家人都觉得能把家业就这样一直经营下去时,"文化大革命"开始了,化妆品被列入"封、资、修"之列,如同一大批为祖国经济做出贡献的民族资本家一样,孔家人也被视为打击的主要对象。1966至1979年,除了旗下的前进日用化工厂生产雪花膏、痱子粉、花露水等护肤日用品以外,真正意义上的孔凤春化妆品几乎消失殆尽。尽管有护肤品销售,但仍无法维持工厂运营。工厂甚至做起了兼职,开始生产化工品单甘酯、清凉油、净水剂等。至此，孔凤春的发展趋于停滞。

20世纪70年代末，我国进入改革开放新时期，实现了众多"中国奇迹""民族奇迹"。随着改革开放的深入推进，全国掀起了一阵引进国外先进管理经验和先进技术设备的风潮。孔凤春抓住时机，涅槃重生。1988年，孔凤春同日本高丝株式会社合资成立杭州春丝丽有限公司，生产的高丝系列化妆品深受消费者的追捧。高丝之所以选择与孔凤春合作，正是看中其悠久的历史与优良的品质。在合作过程中，高丝借助孔凤春的资源，顺利进入了中国市场，但孔凤春却没有取得意想中的真经，几年之后，双方的合作以分手告终。20世纪90年代起，国际化妆品品牌大举进入中国市场，以孔凤春为代表的老字号却渐渐沦为只有少数人知道的底层护肤品牌。2004年，孔凤春被广东飘影集团收购。为追求创新、快速发展，孔凤春于2004年更名为孔凤春化妆品有限公司，建立自有、自行、自研生产线。之后，飘影集团便开始研究如何让孔凤春重回主流市场。经过深入的市场调研和内部调整后，孔凤春再次迎来了腾飞。

2008年，多年停滞不前的孔凤春终于向市场推出了新产品：价格在百元左右的"一品三颜"系列，

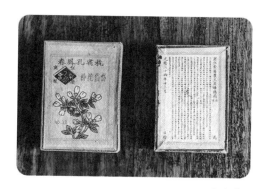

玳玳花粉

风景香纸片

清凉爽身粉

包括"雪颜""焕颜"和"润颜"三款产品。2008年8月18日，孔凤春第一次在市场上推出了"一品三颜"系列产品。尽管时值酷暑，但孔凤春单月的销售额就突破了30万元人民币。2009年，孔凤春的新产品在南宋御街展销时，首月销售额则突破了100万元。改头换面的孔凤春，初步赢得了市场的认可。

2010年，孔凤春召开"首届孔凤春美丽文化节"暨孔凤春品牌代言人明星见面会；同时，筹备许久的孔凤春国妆博物馆也在当天盛大开幕，该馆馆藏了各类与美妆相关的文物上千件。

2011年，孔凤春获得商务部授予的"中华老字号"称号并接受授牌，成为中国国妆行业为数不多的"中华老字号"之一。

2012年，孔凤春被中国轻工业联合会授予"中国国际轻工消费品展览会轻工精品奖"；孔凤春的展台受中国"中华老字号"精品博览会组委会肯定，获"最佳展台设计奖"。

2013年，孔凤春成为"浙江市场消费者最满意品牌"，受到浙江市场商品与服务质量消费者满意度调查办公室表彰。

2014年，孔凤春被中共杭州市委、杭州市人民政府肯定，获得杭州市老字号企业协会认证的"金牌老字号"，这是对孔凤春产品和百年制造历史的双项肯定。

2015年，孔凤春再一次得到浙江省老字号企业协会认证，成为名副其实的"金牌老字号"；获得浙江省日用化工行业协会和浙江省工商联日化商会共同颁发的"浙江省日化行业名牌产品"奖项；受到中华全国工商联合会美容化妆品业商会的关注，在商会召开成立20周年大会时，被授予了"中华美业百年传承品牌"奖项；孔凤春香粉制作工艺经杭州经济技术开发区社会发展局检验，成为"杭州经济技术开发区非物质文化遗产"。

2016年，孔凤春参加上海国际美容美发化妆品博览会，获得美妆行业最具影响力的"风云品牌大奖"；同年，针对年轻市场，推出了以肌龄为概念的"21-"和"25+"新

孔凤春美丽粉

系列产品。

2017年，杭州孔凤春化妆品股份有限公司正式被批准在新三板挂牌上市，迈出了关键的开拓性一步……

百年风雨路，尽管孔凤春曾遭受过诸多打击，但总能如凤凰般涅槃重生，究其根源，还是因为孔凤春能坚守本业，做得出一手让消费者满意、放心的化妆品。当然，面对当下的化妆市场，仅仅具备独到的工艺是远远不够的，还需要将产品的优势吆喝出来。面对新的时代机遇和挑战，孔凤春人又将如何应对呢？

三、踟蹰前行路几重

与西方药品界对药妆的定义不同，中国式药妆则是以天然中药材为原料，以中医平衡理论为组方原则，既可以滋养、美化、修饰和改变皮肤的外观，又可以通过肌肤深层次清洁来进行平衡性调理，从而达到祛斑、除皱、养颜及消除肌肤微瑕的一种功能性护肤产品。审时度势、分析利弊后，以孔凤春为代表的中国本土化妆业树立了三种发展观念：

第一，工匠精神新传承，传统工艺焕新生。所谓"工匠精神"，是一种职业精神，它是职业道德、职业能力、职业品质的体现，是从业者的一种职业价值取向和行为表现。工匠精神的基本内涵，包括敬业、精益、专注、创新等方面的内容。工匠们喜欢不断雕琢自己的产品，不断完善自己的工艺，享受着产品在双手中升华的过程。而且，工匠们对细节有很高要求，追求完美和极致，对精品有着执着的坚持和追求，把品质从0提高到1，其利虽微，却可以长久造福于世。工匠精神是社会文明进步的重要尺度，是中国制造前行的精神源泉，是企业竞争发展的品牌资本，也是员工个人成长的道德指引。简言之，工匠精神就是追求卓越的创造精神、精益求精的品质精神、用户至上的服务精神。

具备了工匠精神的企业往往是行业里的顶尖品牌，比如瑞士手表制造行业。要做到完美必须耗时长、成本高，因此价格也会更高。通过以上的介绍，孔凤春系列产品从选材开始，一直到售后服务，都力求卓越，留下了百年芳名，用工匠精神来形容孔凤春品牌是再适合不过的。不论是鹅蛋粉的制作流程和工艺，抑或是栩栩如生的历史故事，都表现出一代又一代孔凤春人对产品的认知、技术的热爱。传统工艺的传承、品牌文化的承袭、内在追求的坚持，是孔凤春未来发展的内在驱动力，即"好酒"的来源。工匠精神新传承，传统工艺焕新生——这不仅是现实的要求，也是未来的期望。创新已然成为未来发展的原动力之一，也是孔凤春等中国传统药妆品牌走向世界的必经之路。每家企业都需要有自己的看家绝活，而绝活的修炼不仅需要时间的沉淀，更需要倾注心力。正是具备了工匠精神，孔凤春才能不断生产出符合消费者需求、使消费者满意的化妆品，从而具备了立身之本。

正所谓"好酒也怕巷子深"，只有以工匠精神酿出的"好酒"还不够，随着我国对外开放的步伐越走越快，化妆品市场的竞争日趋白热化，如何将自身精心制作的产品成功推向市场，是包括孔凤春在内的"中华老字号"都需要思考的问题。只有"内外兼修"，才能赢得发展。因此，孔凤春在近年来愈发注重对自身产品的宣传和包装，例如，孔凤春的中国宫廷风产品，一经推出便惊艳四方，吸引了不少年轻消费者的注意力。其礼盒灵感来源于古代中国宫廷贵族女子常常以"金什件"伴身，由罐、瓶等小缀物组成，既是贵重物件也是日常用具，兼具装饰性与实用性。而这些产品，除了自带的东方古典美之外，也是对宫廷文化及宫廷美学的最好诠释，仿佛一下子把我们带回到过去的时光。可以说，孔凤春这个百年老牌子，把源远流长的中华文化以及经典的东方古典美，展现得淋漓尽致、令人叹服。但相较于欧美、日韩化妆品在宣传上的投入，孔凤春等国内美妆品牌还有一定的差距。将自己的精品之作更好地呈现在世人面前，让消费者接受自己的产品，是工匠精神能够被外界认可的重要途径。

第二，好酒也怕巷子深，内外兼顾迎未来。"让现代女性拥有精致的东方美。"这是孔凤春官方制作的形象宣传片在结尾处留给观众的一句话，从中我们能感受到孔凤春致力于追求现代与传统相结合的理念。对营销策略、广告宣传、产品包装等的追求是传统老字号企业发展的重中之重。如果说打造自身产品的硬质量是向"内"的修炼，那么对宣传策略的研究、广告文案的应用则是对"外"的修炼，只有内外兼顾，才能迎接未来。随着我国改革开放的逐步深入，我国企业在面对世界市场红利的同时，国外企业也参与了和本土企业的竞争。特别是在药妆市场方面，西方企业运用先进的营销手段，精准地抓住了中国消费者的"痛点"，在很短的时间内取得了巨大成功，中国市场已然成为国外化妆品公司的核心销售基地。以孔凤春为代表的中国本土药妆品牌势必受到影响，但本土品牌的优势也是国外品牌所不具备的，例如上文提到的中医养生理念等。此外，近年来本土药妆品牌也开始重视自身定位和营销策划，采取了多种多样的手段吸引潜在消费者。

现代社会是信息社会，谁掌握的信息多，谁就是最后的赢家，这一条定律同样适用于以孔凤春为代表的中国本土药妆界。伴随着现代社会的飞速发展，老字号必须不断对产品进行优化，挑选更适合年轻消费群体的个性商品发展线上"忠粉"，才能更快地扩大品牌影响力。国外称得上老字号的，诸如可口可乐、人头马、浪琴表等，为什么没有给人"老"的感觉？正是因为这些品牌不断借用最新的传媒手段进行全方位、立体式的营销传播，不断地为传统品牌注入新的内涵。对于当下而言，以网络为媒介的平台，无疑是最受消费者关注的窗口，如何借用网络平台实现自我营销，进而增加品牌知名度，最终实现提升效益的目标，是孔凤春努力的方向。近年来，在网络资源运用方面，孔凤春也做出了大胆的尝试，取得了一些成果，除了传统网络广告和企业微信、微博等平台推广手段外，也结合当下社会热点，积极开拓短视频、第三方测评等网络资源，从而更为有效地将自己的产品、企业文化加以宣传。

相较于从前新产品上市时的冷清，目前孔凤春在推出新化妆品的时候都会采取"三步走"策略：首先，产品测评人员会对产品进行内部盲测筛选，选出一部分之后，拿给经销商等试用，再选出1—2种产品。然后，将这些产品制成小样分给各种女性护肤网站的"网红"们或是美妆博主试用，由她们提出自己的使用报告。最终，再选择评价较高的产品投入市场。通过"网红"在太平洋女性网、网易美学、小红书等女性护肤或其他社交平台推出使用报告，一来形成了一定规模的市场评估反馈，二来通过"网红"与美妆博主测评为产品带来额外营销与推广。这样的"三步走"策略可以带来多方面的益处：首先，对美妆博主而言，能够第一时间免费获得新型化妆品小样是求之不得。其次，对于孔凤春而言，美妆博主们的专业测评不仅能够帮助企业进一步筛选优良产品，其测评结果因源于第三方，也更具备说服力；更为重要的是，美妆博主们大多"自带流量"，她们身后庞大的潜在消费群体的购买意向会受到她们测评结论的影响，而整个评测过程

孔凤春新品套装

本身就是孔凤春新品的有效宣传；此外，相较于电视广告、平面广告的宣传费用，依靠美妆博主进行宣传的花销无疑要更经济节约，这也减轻了企业的负担，让自身的新产品更具有价格优势，能将更多的经费用于产品研发等环节。最后，对于众多消费者而言，企业自身的广告宣传时常会被认为是"王婆卖瓜，自卖自夸"，而个体的经验都是有限的，因而很难取得预期的宣传效果，所以人们会根据生活的需要关注不同领域的专业评测人员，

因此美妆博主的测评成为她们选择化妆品的重要导向。

与此同时，除了利用线上平台，积极开展网络营销，还要拓展线下平台，创造更多让消费者与企业面对面互动的机会。伴随着我国国际影响力的不断提高，越来越多的国家会展在我国举行，这是中国本土品牌"走出去"的大好契机。在这一方面，孔凤春的"邻居"胡庆余堂提供了示范性样本。20世纪80年代时，浙江省政府打造了四大专业博物馆，分别为中国丝绸博物馆、南宋官窑博物馆、中国茶叶博物馆以及胡庆余堂中药博物馆。孔凤春与胡庆余堂所专注的虽然是两个不同的领域，但都是杭州本土老字号品牌，都是各自领域的本土品牌代表，所以在许多方面都具有相似性。因此，孔凤春完全可以借鉴胡庆余堂中药博物馆的建设经验，通过这样的方式呈现自身精湛的药妆制作工艺、产品的顶级品质、企业的内在文化，加强与潜在顾客、社会的互动，以增强品牌吸引力，打开更大的市场。此外，杭州作为长三角经济带重要中心城市之一以及浙江省省会城市，有其得天独厚的自然、人文、政治、经济优势，近年来诸如G20峰会、一年一度的中国国际动漫节以及2022年的亚运会等世界性盛会都在杭州召开，给杭州创造了更好的发展环境。丰富的国际性会展活动，也为孔凤春重新定位自身、确定潜在客源、走向世界提供了完美契机。孔凤春企业完全可以积极参展，将上述的内在优势呈现出来，在传递企业文化、展示过硬产品的同时，也能传播中华传统文化，可谓一举多得。

2010年，作为"中华老字号"中"五杭"之首的孔凤春重回发源地中山路，得到了杭州市委、市政府的大力支持和扶植，并在此建立了孔凤春国妆博物馆，成为杭州第一个国妆博物馆。博物馆收集了诸多文物以及相关藏品，以记录杭州化妆品行业的发展历史，此外博物馆二楼还还原了明清官宦大户人家的小姐闺房"栖凤阁"。博物馆集收藏、研究、展示于一身，帮助公众全面了解中华民族国妆文化之博大精深，同时也成为南宋御街新旅游景点之一。由此，在化妆品品牌纷纭、各逐一方的境况下，孔凤春依旧坚持"民族就是世界"的理念，将国妆演绎出新世纪新的精彩。

有了"工匠精神"锻造出来的佳品，有了复合营销手段的支撑，相信孔凤春今后的销售额将再破新高。对于一个企业而言，在守住老客户的同时，还需要不断招揽新客源，如何让自身化妆品走进更多人的生活，而不仅仅是女性的专属品，也不仅仅是中国百姓的专属品，也成为孔凤春近年来思考的议题之一。

第三，爱美之心人皆有，世界舞台待国妆。众所周知，火焰分为三层：焰心、内焰和外焰。生产化妆品的科技就像是焰心，是化妆品发展传承的核心，虽然并非最为火热的地方，但却不可或缺；内焰就像是东方的传统文化和西方的时尚文化的结合体，在产品中起着中流砥柱的作用；而最为炽热的就是外焰——新时代的销售技术和宣传手段，人们接触火焰是先接触到外焰，所以才感受到火的炽热。尽管近年来孔凤春积极利用上述线上网络平台、线下会展平台，扩大自己的销路，但面对日益严峻的市场竞争，企业也需要开拓更广的客源，因此如何寻找传统女性客户外的消费者，如何开拓国外消费市场，成为孔凤春进一步发展的核心关切点。而"养生文化"和"中国国粹"这两个概念，明显契合了新兴消费者的需求。

随着社会的发展，人民生活水平日益提高，正是养生文化的回春之际。在网络上，保温杯泡枸杞、泡脚，网络词汇"佛系"以及"主动穿秋裤"等话题，都体现了养生文化在年轻人身上的回归，这也是之所以说"药妆＋技术"结合体是一大卖点的原因。如果说传统意义上的化妆品、美妆是专门供女性消费者使用的，那么养生的观念则无关性别差异，是全民追求的热潮。相较于西方某些工业提取的化妆品，孔凤春始终强调"纯天然""草本"等概念，无疑符合人们当下的健康理念。药妆不仅能满足人们爱美之心的需求，更能实现现代人追求健康生活的理念，因此孔凤春应在这方面多下功夫，突出天然健康的概念，从而拓展女性以外的消费者群体。

孔凤春在国内市场的基础上，还应当开拓国外市场。一方面，国际市场是远远大于国内市场的，特别是亚非拉欠发达地区的化妆品市场，还有巨大的开发潜力，孔凤春物美价廉的优势可以在这些地区得到最大化的呈现。另一方面，随着我国综合国力的日益提升，西方国家也愈发关注中国制造，上段提到的诸如"养生""健康生活"等理念也是西方人所追求的，而在这些方面，中国作为历史文明古国无疑有更多的经验，更具有发言权。只有在明确了要在东、西方市场结合发展现代化妆品的前提下，孔凤春才能走上一条不断前进的道路，国货也才会重新发出耀眼的光芒。孔凤春作为国妆的一大领军者，更要在国货重生的路上披荆斩棘。如果说凤凰浴火重生需要借助旺盛的火势，那么孔凤春的重生需要的催化剂则是东西文化结合的"熊熊火焰"。

四、烈火涅槃真凤凰

114年历史的法国欧莱雅，149年历史的日本资生堂，百余年的历史支撑起了世界两大化妆品巨头。中国孔凤春有159年的历史，然而，全中国女性消费者最追捧的却是前两个舶来品牌。卖出产品，赢得口碑，提高销量，只是企业发展的第一步，要想让自家的品牌真正地被世人铭记、代代传承，还需要为产品注入文化。作为历史文化强国，我国从来不缺文化，老字号商家更是中华文化的见证者、活化石。但如何将不可见、不可触的文化融入可触、可感的产品中，则是"中华老字号"商家面临的挑战。

传统老字号因其历史悠久，在人们心中留下了不可替代的情感寄托。老字号不仅要挖掘消费者心中关于老字号的美好情感，还要挖掘老字号本身鲜为人知的故事。有时候，消费者购买产品，不仅仅是出于物质需求，还有更深层次的情感需求。近年来，我国老字号在文化阐释和文化传承方面也下了一番功夫。例如，北京东来顺曾拍过一部名为《这是一个鲜为人知的故事》的纪录片，聘请老师傅讲解东来顺的历史，诠释其文化。电视剧《大宅门》的热播，让观众对百年老店同仁堂的发展有了深刻了解。故宫的文创系列开发更是在全国范围掀起热潮，故宫博物院微博推出的文创新品——畅心睡眠系列套装，就是很好地运用了中国元素的创新设计。它将翱翔于畅音阁天花板的仙鹤纹样融入设计，化乾隆时期的戏衣为现代的睡衣，寓意"鹤贺，贺佳音"，让消费者亲身体验沉醉百年的畅音入梦来。2016年，内联升携手故宫淘宝设计团队联合推出《大鱼海棠》电影衍生品，其中199元的休闲鞋和499元的手工布鞋受到网友热捧。"2016年阿里年货节，你的很多过年嗜好都可以在网上搞定了！"这是2016年阿里年货节的宣传广告语，年货节上的"老字号会场"让消费者可以徜徉在百家老店里一次逛个够，"老字号＋互联网"的新玩法也吸引了各个年龄段的消费者参与扫货。由此可见，对于文化的重视不仅是传统老字号商家关注的焦点，也是现代新兴互联网公司看重的资源。这些宣传方式，不仅让消费者了解到老字号背后的酸甜苦辣，让老字号的形象更加立体丰满，一时间"圈粉"无数，而且提升了老字号商家的销量，让他们得以在现代市场赢得一席之地。这对很多老字号来说，具有启迪意义——老字号缺的不是素材，而是积极的发展态度和创新的营销方式。

而孔凤春虽有博物馆，却暂时未能打好这张牌，孔凤春国妆博物馆缺乏公共文化服务意识，未能让更多的杭州市民了解这样一个优质的品牌，可以说是相当遗憾的。至于品牌故事，孔凤春没有吗？不，孔凤春不缺少品牌故事，她的由来、店名的内涵、中国第一例胜诉的商业维权案例等都是独一无二的品牌故事。包装设计的创意，孔凤春没有吗？不，孔凤春有，或者说在中国元素、中国文化中永远有数不尽的灵感。说到品牌故事，著名的奢侈品品牌Chanel就将创始人Gabrielle Chanel当作品牌故事中最吸引人的一个点，而后创造了伟大的时尚帝国。所以说，讲好中国故事、用好中国元素，是孔凤春发展要抓住的重点。孔凤春常常提到的是慈禧太后喜爱鹅蛋粉的故事，而这个故事赋予孔凤春产品的内涵在当代女性意识崛起的情况下已显得不足了，这是值得反思的。如何在传统文化中融入与时俱进的时代感，是保持品牌生命力的秘籍。所以，孔凤春要做的就是将自己塑造成一个有文化、有内涵、有社会责任感的品牌，这样才能大行其道。上文提到的网络营销、会展营销都是新兴的营销方式，在这一方面，应该做的就是积极探索、勇敢实践，但更重要的是对自身文化内涵的现代演绎。根据前期对孔凤春企业的调研结果，加上对孔凤春的地理位置、文化内涵、产品等要素的梳理分析，研究显示，孔凤春在传统文化的现代演绎方面有两个得天独厚的优势，也是其提升自身产品文化内涵的两条主要途径：

第一，强调并利用江南、杭州的地缘资源优势。谈到杭州，大多数人脑海中首先会浮现出"上有天堂，下有苏杭"这句对苏杭的美誉，紧接着会联想到小桥、流水、青阶、灰瓦等一派江南景致。正所谓一方水土养一方人，坐拥这样的美景，也就能吸引来诸多文人墨客，培养出代代江南才子，因此在杭州这片土地上，渗透着浓厚的历史文化和人文情怀。老新杭商都拥有的是诚信、包容、开放、创新、睿智的杭商精神，也有敢于开拓进取、敢为天下先的创业精神，并以此与时代共生共荣。孔凤春与杭城共同走过百年岁月，它虽曾历经风雨飘摇，但千帆过尽，重展"春"色的正是不断积极进取的百年老字号。作为杭州家喻户晓的老字号品牌，孔凤春通过过硬的产品质量与诚信的经营方式发家，在品牌声名鹊起之后始终保持产品水准，在国妆受到阻碍时积极寻求出路并通过自身特色打开市场，十分突出地体现了杭商精神。如今，孔凤春正在转型发展的道路上不断努力，它得到的是杭州这片土地的滋养和孕育，汲取的是西湖文化千年的历史积淀，传承的是海纳百川、敢闯敢拼的杭商精神。它是杭城不朽的骄傲，也是中华文化中一颗独特璀璨的明珠。因此，对江南、杭州地域元素的强调，有利于突出孔凤春自身的文化特色和企业精神，既能让消费者从产品中感受到江南气息，又能让消费者通过感知江南文化，产生购买产品的消费冲动。

第二，利用非物质文化遗产平台，传承自身文化。根据联合国教科文组织《保护非物质文化遗产公约》的定义，非物质文化遗产（intangible cultural heritage）指被各群体、团体或有时为个人所视为其文化遗产的各种实践、表演、表现形式、知识体系和技能及其有关的工具、实物、工艺品和文化场所。各个群体和团体随着其所处环境、与自然界的相互关系和历史条件的变化不断使这种代代相传的非物质文化遗产得到创新，同时使他们自己具有一种认同感和历史感，从而促进了文化多样性，激发了人类的创造力。根据《中华人民共和国非物质文化遗产法》规定，非物质文化遗产是指各族人民世代相传并视为其文化遗产组成部分的各种传统文化表现形式，以及与传统文化表现形式相关的实物和场所，包括：（一）传统口头文学以及作为其载体的语言；（二）传统美术、书法、音乐、舞蹈、戏剧、曲艺和杂技；（三）传统技艺、医药和历法；（四）传统礼仪、节庆等民俗；（五）传统体育和游艺；（六）其他非物质文化遗产。近年来，我国许多传统工艺被列入非物质文化遗产的行列，但"入行"并不意味着获得了生存的保护伞，孔凤春作为非物质文化遗产，也还面临着如何做好非物质文化遗产活态传承等问题。

此外，新媒体的蓬勃发展也给孔凤春带来了新的机遇。具体而言，诸如微信公众号、微博、微电影、纪录片等形式都适合孔凤春的宣传。《舌尖上的中国》就是让人深切感受中国饮食文化的优秀案例，孔凤春或许也可以效仿这样的方式，用纪录片的方式讲述孔凤春的故事。若孔凤春能在这些方面打开新的视野，对于非物质文化遗产的活态传承同样是很好的展现。从某种意义上，孔凤春、中国药妆乃至中国传统文化的现代演绎，才是对非物质文化遗产的活态传承。作为传统的手艺博物馆式的保护并非最优的选择，"用起来"而非"藏起来"，才是中国传统药妆的现代演绎。在这一方面，西方和邻国日本的一些互动式空间值得我们学习，通过手把手教学，让人们能够切身参与到非物质文化传承的过程中去。只有用普适性的语言诠释好中国药妆的故事，药妆、国货才能有新的生命，才能真正融入人们的日常生活。中国药妆的发展历程绝不是非黑即白，而是"灰"性的发育，懂得中西结合、古今并行是为明路。中国非物质文化遗产的传承生生不息，中国国妆也未来可期。国妆之美依附于传统文化，而非物质文化遗产是中华传统文明的一大核心。对国货药妆等非物质文化遗产，既要有敬仰之心，也要有亲近之意，然后延续。

　　总之，不论是借用新媒体手段助力腾飞，还是拍摄纪录片讲好品牌故事，抑或突破传统博物馆展陈形式，都需要创新思维。创新是对老字号品牌最好的传承，也是对老字号所蕴含的传统文化的最佳现代阐释。随着时代的进步，孔凤春要利用悠久的历史和文化挖掘出新的经营理念，将传统的中国文化和现代的潮流文化进行结合，在发展的道路上坚持推陈出新，在创新的过程中也不放弃品牌个性，在汲取中国传统文化精华的基础上，引进现代元素研发出符合市场潮流的新产品，从而打动年轻一代的消费者。互联网界流传一句话："激情澎湃走楼梯"，孔凤春要在"洋妆"的冲击下，做出国人自己的品牌。沧海桑田，时代更迭，变的是工艺，不变的是对文化的传承；起起伏伏，跌宕坎坷，孔凤春始终不改初心，立志把国货做好做强。借孔凤春之涅槃，方晓国货品牌之异日。

西湖绸伞：绸缎竹节撑西湖

"一叶渔船两小童，收篙停棹坐船中。怪他无雨都张伞，不是遮头是使风。"这是南宋诗人杨万里在《舟过安仁》诗中描写的场景：两个儿童坐在一叶扁舟之上，他们在船上却不用篙和棹。怪不得没下雨他们也张开了伞呢，原来不是为了遮雨，而是想利用伞使风让船前进啊！孩童在小船上乘风撑伞的诗情画意让我们充满遐思……

"蒙蒙细雨，如烟如雾，飘飘洒洒，缠缠绵绵。"多水的杭城，时常是笼罩在烟霭朦胧之中。在雨水的浸润下，一曲溪流，一汪小池，好似都蒸腾起雾，同细雨缠绵，融汇成独特的江南味道。"试上超然台上看，半壕春水一城花。烟雨暗千家。"在历代文人墨客的吟诵下，烟雨成了江南专有的符号。白墙青瓦的老街深处，十万人家的钱塘岸边，烟波浩渺的杭城内外，漫步其中，宛若走进一幅黛色勾勒出的写意水墨画。在细雨迷蒙中，手持一把轻巧玲珑的绸伞，一方绮丽挡住了不曾止歇的雨珠，撑起一片诗意江南。

一、伞中淑女

杭城与伞，自古便有着不解之缘，而杭城最具特色的伞便是——西湖绸伞。西湖绸伞，又名竹骨绸伞，创制于20世纪30年代初，已有近90年的历史。西湖绸伞以细竹做伞柄，竹条做伞架，上面用锦绸做伞面，轻巧悦目，式样美观，携带方便，素有"西湖之花"的美称。

中国是伞的发源之地，其伞种可以说不胜枚举，而在繁多的伞种中，西湖绸伞就是其中一颗璀璨的明星。西湖绸伞正如其名，伞面锦绸既有中国之古韵，又不乏江南之婉约，竹条作伞柄、伞架为其添了一股雅致、君子之气。

设想在桃红柳绿的春季，湖水如镜，伞影满堤，是一幅何等迷人的流动风景画。流传于民间的《白蛇传》中"湖畔赠伞"的故事，更是为西湖绸伞增添了一分神话色彩。然而，有关西湖绸伞的故事还不止这一个。每一个老品牌必然都沉淀着深厚的历史底蕴和丰富的文化内涵，其背后也必然有着许多逸闻趣事。杭城的伞，不仅与许仙和白娘子的传说有着不解之缘，还同那位神通广大的"鲁班先师"有关。

相传鲁班带着妹妹来到西湖游玩，可不巧得很，刚好碰上下雨，兄妹二人觉得很扫兴。鲁妹就对哥哥说："哥，我们来比赛，看谁能在明朝鸡鸣之前想个办法，让我们可以在雨天照样游湖。"鲁班一听哈哈大笑，这可难不倒他，于是就答应了。

鲁班找来木头、锯子、刨子，一会儿工夫，就造好了一座亭子。他看天色还早，就开始造第二座亭子，就这样不歇气地围着西湖造好了九座亭子，在他造第十座亭子的时候，调皮的妹妹跑来学了一声鸡叫，鲁班立即停了下来。这就是如

西湖绸伞

细竹做伞柄，竹条做伞架

今西湖三潭印月景区的三角亭。

过了一会儿，"喔喔喔"，鸡真的打鸣了，鲁班正得意扬扬地对妹妹讲他一夜造了十座亭，却看见眼前一样东西像孔雀开屏般一闪。鲁班很好奇，从妹妹手里接过来仔细研究起来。那样东西往上一撑开，像他造的亭子顶一样，有翘翘的角，不过不是用木头做的，而是用细竹子和绸子做成的，又轻巧，又漂亮。鲁班心服口服地对妹妹说："哥哥输了，你的'亭子'不仅能挡雨，还能移动。"妹妹却说："哥，你也很能干啊，你造的亭子让这湖更美了。"

鲁妹造的那个灵巧的"亭子"因为在下雨天才散开来用，人们就称它"雨散"。后来有人又仿造亭子的样子造了一个"伞"字，之后才叫"雨伞"。

传说无可考据，但是西湖绸伞的美确是实实在在的。它除了有世人皆晓的美观性以外，也具有很强的实用性，被称为"伞中淑女"也是名副其实。就是这样一种优雅恬然的事物，从创始至今近90年的发展历程中也经历过无数的波折。下面，让我们开始探索其传承故事，揭开这朵"西湖之花"的神秘面纱吧。

二、匠人成伞

伞在中国有4000多年的历史，而西湖绸伞的情画世界则是从1932年那个初夏开始的，而且和一个人密不可分，他就是——都锦生。西湖绸伞由丝绸和竹子制成，作为伞面的丝绸，显然是优质绸伞的重点，因此西湖绸伞的出现，首先离不开都锦生的支持。而都锦生，则是一生都与丝绸结缘。

都锦生，号鲁滨，杭州人，光绪二十四年（1898）出生于杭州西湖茅家埠，19岁时考进了浙江省甲种工业学校机织专业，从此开始了他的丝绸之路。他在工业学校完成两年学业后选择了留校任教，同时也担任纹制工场管理员兼图案画老师。在教学实践中，他利用业余时间不断研究和创新。

工夫不负有心人，1921年3月，都锦生利用自己的一幅摄影作品，织成了中国第一幅丝织风景画——《九溪十八涧》。他用八枚缎的点子，在意匠图上的小方格子里，以不同类型的点子来表现风景的层次、远近和阴阳，做出了意匠图并成功完成了轧花版。这幅长7英寸、宽5英寸，堪称划时代的作品为后来闻名全国的都锦生丝织厂的诞生奠定了基础。

1922年5月15日，都锦生回到了自己位于西湖茅家埠的家，他利用自己掌握的丝织技术以及向宋源春绸庄老板宋锡九所借的500银圆的微薄资金，在自己的家里打出了都锦生丝织厂的牌子，在草创时期，全厂只有一台手拉织机和两名工人。经过两年的惨淡经营以后，都锦生丝织厂的实力有了初步发展。1924年，都锦生丝织厂在杭州湖滨开出了第一家门市部，并建起了厂房，手拉织机增加到7台。第二年，都锦生丝织厂又在全国商业中心上海的四川北路以及广州的十八浦开出了门市部。1926年，都锦生的织锦参加了美国费城的世界博览会，彩色古画织锦唐伯虎《宫妃夜游图》荣获金质奖章，从此一炮打响。这也是中国织锦在国际舞台上获得的第一块金奖。

声名鹊起以后，都锦生的事业迎来了春天。1927年，都锦生把工厂搬迁至艮山门新厂，手拉织机增至68台，全厂职工达130余人。1928年，中国第一幅五彩锦绣织锦《蜻蜓荷花》投产。1929年，都锦生参加了在杭州举行的第一届西湖博览会，在丝绸馆中专门设立了都锦生产品陈列室。五彩锦绣织锦荣获特等奖，织锦领带荣获优等奖。

当时的杭州都锦生丝织厂所生产的风景丝织品可谓名噪一时，实业家都锦生的不断成功是建立在持续开发新产品以适合市场需求的基础上的。都锦生却不满足于现状，在打开国内市场以后，又逐步将视野瞄向了国外。1932年，他带领一批工人前往日本，学习当时日本先进的纺织技术。日本的纺织技术在明治维新以后有了相当大的发展。在明治时代推行殖产兴业政策时，正是纺织业开启了日本的工业化道路。原因很简单，首先，在第一次工业革命中，纺织业成为最早进行大规模机器生产的行业；其次，生丝在日本出口商品中占50%；再次，纺织业向来是日本家庭工业中的一个重要行业。日本通过国家指导的方式大力引进机器，再将国有产业卖给财阀资本家，建立起了现代纺织工业。日本的先进经验给都锦生的启发很大。但这次日本之行，都锦生意外地有了另一个收获。

维新变法以后，日本仍然保留着一些传统的文化，绢伞就是其中之一。在日本城市里，到处可以看到打着绢伞、穿着木屐的女人。这种绢伞令都锦生眼前一亮，他心想，这不就是一个极好的商机吗？于是立刻买了几把绢伞带回国。

当时的都锦生丝织厂所生产的风景丝织品，每年只销春、秋、冬三季，夏天是都锦生生产的淡季，甚至在夏天，工厂还出现局部停工的现象。都锦生看到日本绢伞的时候，认为绢伞既可遮阳，又可挡雨，是艳阳高照而又雷雨多发的夏季的必需品。凭借敏锐的商业嗅觉，他认为开发这种产品是弥补淡季生产不足的好出路。

日本绢伞是在和伞的基础上制造的，将和伞的油纸改用绢代替。不过，都锦生带回的日本绢伞有着明显的缺点：装饰不鲜艳，粗糙发白，没有花样。都锦生决心以此为式样，用杭州本地的竹子和丝绸创造出比绢伞更优质的绸伞。

为此，都锦生广招人才，调集厂里的制作人员，充分利用杭州地

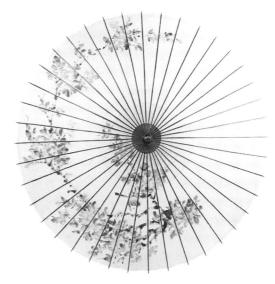

伞面

区的地方特产——绸和竹，采用都锦生的丝织品作伞面，再在伞面上配以西湖风景图案，开始了西湖绸伞的试制工程。以竹振斐艺人为绸伞研发的技术骨干来试制伞面——这对于技术实力雄厚的都锦生丝织厂来说不成问题，但伞骨却成了一个关键的技术瓶颈。都锦生不惜成本，派人四处访贤，终于探听到富阳的鸡笼山有一位有名的纸伞工戴金生，于是就重金礼请戴金生投入伞骨的研究，经过几番周折，耗费一年的时光，终于成功地用杭州近郊特有的淡竹做成了伞骨。继而都锦生又花了半年时间，解决了伞顶开口过大导致伞面出现皱折的问题，后又用了3个月时间解决伞头包裹的问题。

在两年寒暑交替中，经过多次艰辛的革新试制，他们终于在1934年仲夏之时制作成功西湖绸伞，终于让这把姗姗来迟的绸伞出现在世人面前，这种极具江南风格的新产品被称为——西湖绸伞。后又特别邀请上海当红电影明星胡蝶、徐来到杭州为西湖绸伞做广告，由此西湖绸伞一炮走红，引领了当时上流社会的时尚。

值得一提的是，在西湖绸伞问世的过程中，都锦生丝织厂的一名职工竹振斐付出了诸多心血。如果说都锦生是西湖绸伞的领路人，那么竹振斐就是开拓者。

竹振斐，1918年出生于杭州。他作为西湖绸伞的试制人之一，决心将这一产品发扬光大。大约在1935年，他脱离都锦生，用100余元的资金在杭州茅家埠设立起了第一家专门制造绸伞的作坊——"竹氏伞作"，有工人15人，月产量达250把。

但私人的作坊毕竟资金少、经不起市场的风浪，竹振斐的作坊生意陷入窘

明代西湖图

纸伞制作

境。这时与都锦生形成竞争关系的启文丝织厂在听说竹振斐的遭遇后，立刻认定这一行当"奇货可居"，便立即聘用竹振斐，启文丝织厂也因此获得了西湖绸伞的生产技术。在此后，西湖绸伞作坊如雨后春笋一般出现，绸伞产量大增，销量甚广，尤其在春秋两季旅游旺季时节，这种特色产品更是供不应求。有些游客甚至在杭州久久不归，只为买到一把梦寐以求的西湖绸伞。

都锦生和启文二厂的投资得到了丰厚的回报，绸伞成为这两个厂

真丝伞面

董九房纸伞店

的另一种拳头产品。而民间的个体作坊也尝到了甜头。在抗日战争爆发前夕，杭州全市有绸伞作坊5家，从业者30人，年产量达800把。抗战胜利以后，在战争中一度低迷的绸伞生产恢复生机，到1948年，西湖绸伞的从业人员56人，年产量达到1万把，形成了一个生产高峰。

　　西湖绸伞渐渐步入世人的视野，这朵点亮西湖的花正通过无数匠人的手缓缓绽放……

三、匠人匠心

西湖绸伞这位婉约动人的"姑娘"，从出生到成长，少不了诸多匠人的悉心照料。都锦生和竹振斐赋予其生命，为其铺好前路，而一代代制伞传人，便在这一路上与其相伴相行，扶持其走过百年岁月。

（一）制伞传人——宋志明

宋志明师从西湖绸伞创始人之一竹振斐，是西湖绸伞非物质文化遗产代表性传承人。作为土生土长的杭州人，他和西湖绸伞已经有着40多年难以割舍的感情。

每年霜降一过，再到冬至，天气渐冷，这段时间通常是上山选竹子的最好时节。夏天的竹子容易虫蛀，而霜降后的湿冷温度较适合竹子保存，杭州周边的安吉、德清等一般是淡竹的原产地，也是每年这个季节宋志明最常光顾的地方。

一棵竹子需要经历几年风雨，才能从笋芽长成坚韧翠竹。绸伞制作选用的竹子必须是标准3年以上的淡竹，口径在4—5厘米之间（小伞3—4厘米），这种竹子竹节比较长，表面光洁度较好，柔性好，最适合做西湖绸伞。

竹子采下来马上要加工。西湖绸伞生产过程大体分为20道工序，细分解下来多达100余道，技术要求严格细致，其中劈青、上架、裁剪、糊边、伞面装饰、穿花线、贴青等工序尤为关键。如穿花线，一把伞要在细密的缝隙中穿针走线，来回编制网纹，共有296针。又如贴青，伞架采用12片竹伞骨，一把伞的32根伞骨都取自同一根竹子，确保伞架的韧性。贴青要求将每支伞骨的青精准地胶合到原配伞骨的绸面上，收拢后能恢复成一支天然竹节。辅助工作也很多，其工艺的复杂细腻，让人叹为观止。伞面装饰上，早期伞面以刷花为主，后来慢慢有绘画、刺绣工艺等，伞面上一般绘有民间题材的传说，比如《白蛇传》《西厢记》，甚至包括京剧脸谱等各种表演形式。

1935年春，杭州出现第一家专门制造绸伞的作坊"竹氏伞作"，就是宋志明的师傅竹振斐开的。宋志明听师傅说过，抗战前后杭州开了很多家绸伞小作坊，如"竹记""汪记"等，大都集中在茅家埠一带。

中华人民共和国成立后，杭州创办了国营西湖绸伞厂，又成立了杭州工艺美术研究所西湖绸伞组，这一时期杭州出现一些制伞好手。宋志明在1978年加入杭州工艺美术研究所，当时所里专研西湖绸伞制作的男士仅宋志明一位。在研究所为期3年的学习，虽然枯燥，却也令他收获颇丰。制作绸伞大多流水线工作，而宋志明却把西湖绸伞的整套制作工序都掌握了，在学习之余，他还经常和师傅师母去农村住两三个月，验收原材料竹子，他相信"手工的东西不花费时间是做不出来的"。

1995年，杭州工艺美术研究所改制，宋志明离职后自己开厂，他到富阳招募一批人从事生产和销售，那时1个月能制作几百把绸伞，也是绸伞制作最辉煌的时期。2000年以后，绸伞的市场开始慢慢萎缩，一方面是制作成本提高，另一方面外来仿制的绸伞增多，市场被压缩了。宋志明略有无奈："现在西湖绸伞的成本太高，最便宜的刷花绸伞零售价也要780元，出厂价500元。"

2008年以后，西湖绸伞被评定为国家级非物质文化遗产，这成为一个重要转机。宋志明的主要身份也从专业制作绸伞的匠人，转变成为西湖绸伞的传承人。平时除了制作开发一些新的绸伞外，他和团队的伙伴们还会为博物馆等少量定制部分绸伞，参加各种展会，开设培训班向下一代普及和传播绸伞文化和制作工艺。

如今的浙江省文化馆里，一间60平方米的小型工作室里堆叠着各种各样的工艺品：伞骨、伞架、伞柄、轻薄透明的丝绸，还有高高低低悬挂着的五颜六色的西湖绸伞。这里也是国家级非物质文化遗产西湖绸伞的传承人宋志明大师的工作室。

除了传承老技艺，宋志明花了大量时间钻研西湖绸伞的创新。以竹作骨，以绸张面，西湖绸伞的独特之处在于"撑开一把伞，收拢一节竹"。在保证这个"基因"不变的前提下，宋志明开始做伞面上的创新，包括融入动漫的元素，尝试伞面扎染，抑或伞柄上使用红木柄雕刻，体现工艺价值，等等。

西湖绸伞成就了一代代手艺人，而一代代手艺人又保护了绸伞的传承。这些匠人们秉承"一生只为一事来"的信念，做着看似枯燥烦琐的工作，却能十年如一日坚守着，其中传承文化和保留历史的精神力量与纯粹灵魂不禁令人感佩。

（二）一生相守——屠家良

一根竹节、一段锦绸、一捆丝线，简单的材料背后是匠人们日日夜夜的呕心沥血；不大的一把西湖绸伞，留存的是古老的杭城记忆和深沉的江南之韵。西湖绸伞传承发展前路漫漫，而一名匠人的人生却十分短暂，只有无数匠人奉献自己的一生，将工艺世世代代相传，才成就了西湖绸伞的源远流长。

屠家良，于西湖绸伞而言，是绕不过去的一个名字。

1999年，已处于弥留之际的屠家良对小儿子说："我担心，这个伞没有继承人，你们有机会就一定要将做伞的工艺传下去，不要保守，只要他喜欢做伞，就要传。"76岁的屠家良做了一辈子的伞，在最后时刻，他念念不忘的仍是西湖绸伞。

1951年，时年28岁的屠家良已是制伞好手。这年，杭州西湖绸伞厂成立，伞厂由杭州城里几家私营制伞厂合并而成，屠家良的私营制伞厂也顺大流并入杭州西湖绸伞厂，从此他专门从事西湖绸伞的研究和创新。

从一根竹子到一把西湖绸伞，有100多道工序，都要经过屠家良的手。

单单选材就大有讲究，满山遍野地挑选竹子，行话叫"号竹"。时节须在白露前，做伞架的毛竹得是过冬的，因过冬的竹子不易生蛀。竹龄至少要3年以上，但直径只能在五六厘米，节头数量要适中。过嫩、过老、过大、过小的竹子，一律不用。有一次，屠家良跑遍整整一座山，在满山竹子中，竟然只选中了两株竹。那竹子，屠家良只要捏捏就知道，合不合适做伞骨。

接下来是劈竹骨。一株淡竹，只取中段2至4节做伞骨。这一段竹子须劈成32根——一把绸伞32根伞骨，每根伞骨4毫米宽。然后，是编挑、整形、劈青篾、铣槽、劈短骨、钻孔等10多道工序。

上伞面是个细活，缝角、绷面、上架、剪绷边、穿花线、刷花、摺伞……做伞面的材料并不是人们通常穿在身上的那种丝绸，伞面绸要求织造细密，薄如蝉翼，当然还要经得起风吹、雨淋、日晒。紫色的丝绸、蓝色的乔其纱，都是屠家良选用的上等伞面。乔其纱是最麻烦的，因为它轻薄，伞面不易上绷，连上色都困难，制作难度极大，屠先生也只是尝试性地做了几把，因此极其珍贵。

如上文所述，贴青是西湖绸伞最重要也是最难的工序。所谓贴青，是在伞面完成后，将制作伞骨时劈下的那片青皮竹子，再粘回到相应的那根竹骨上。这样，当伞面收拢时，绸面一点不外露，能把整把伞恢复成一支天然圆竹的模样，

屠家良手绘梅花图西湖绸伞（中国伞博物馆展品）

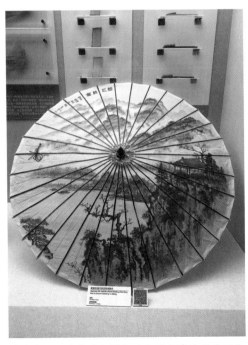

屠家良烟江秋意西湖绸伞（中国伞博物馆展品）

正好一手可以握住。这正是西湖绸伞最为精巧、朴素、可爱之处。每当工人贴青，屠家良就会在边上吩咐了又吩咐："上胶水不能太多，也不能太少，多了伞面要破掉，少了粘不牢。"

屠家良的小儿子屠继强后来学的是机械制造，但小时候天天跟在父亲后面，耳濡目染，早已将制伞的工序熟记于心。他说："帮父亲打下手，也不是好做的。父亲叫我们帮着给伞面上浆，浆就是中草药白芷的浸出液，在伞面上刷上白芷液，可以防蛀。小孩子图快，上下来回刷，父亲看到就说不可以，要求我们老老实实重新一层层地刷。"

这样的耗时耗力，追求的是精致讲究。一把伞需10至15天方能制成，这样制成的西湖绸伞重量半斤左右。西湖绸伞讲究手工制作，从选竹、砍竹、削竹，到最后的伞面绘图，无论是水墨山水，还是《苏武牧羊》，屠家良都坚持亲自动手。有时眼看着一把伞制作快到了最后收稍阶段，但如果伞面色泽欠佳，没有二话——报废。

屠家良是个有心之人，他平常想的东西几乎都与伞有关。他创作过10多种工艺伞。比如，将萧山花边用在伞上，做出带花边的西湖绸伞；将伞顶做成"三潭印月"；用竹根做伞柄；等等。他制作的这些工艺伞多次获得工艺美术创新奖。

1972年美国总统尼克松访华，来杭州游览时住在杭州饭店总统套间，房间门口挂了一对红灯笼伞，那就是屠家良亲手制作的。伞面是乔其纱，上面画着中国四大美女像。灯笼直径50厘米，装伞柄的地方挂了流苏，收拢时是伞，撑开是一对灯笼，形状之奇前所未有，引起了尼克松总统的关注。后来尼克松回国时，杭州市政府便将西湖绸伞作为国礼送给了美国总统。

把简单的事情做到极致，功到自然成，"止于至善"。正如古大德云："成大人成小人全看发心，成大事成小事都在愿力。"西湖绸伞好看，却不好做，做好一把精细的西湖绸伞十分不易，坚持几十年做好绸伞更是艰难。屠家良自小与绸伞结缘，此后也从未放弃，几十年如一日，潜心于这项传统工艺的制作和传承，为其发展献出了个人绵薄却又深远之力。

（三）魔术变伞——曾辉

与各位前辈不同，曾辉不是制伞匠人，而是一个魔术师，但她却让西湖绸伞重新走向世界大众的视野。

1997年7月1日，美国明尼苏达州亚波利斯城，正举行第69届国际魔术大赛。舞台上，蓝色射灯射向厚重的黑色天幕，表演者身着玄色八裙旗袍背众而立。音乐起，几声拨弦，几声长笛，绵长悠远，小提琴曲《梁祝》如水流淌……表演者缓缓转身亮相，就在面向观众的一刹那，她右手向空中一扬，徒手飞出一把伞，灯光随之大亮，表演者娴熟的手势一伸一扬，两条长绸中又抖出两把自动张开的绸伞。随着乐声的轻重缓急，一把把伞如绽放的鲜花在舞台上飞舞。演出终了时，伞已飞得漫天满台，万紫千红。这是杭州杂技团演员曾辉表演的魔术《彩伞争艳》，获此次大赛金奖。

那些满台飞舞的伞就是——西湖绸伞。

很多年后，曾辉说起这段往事依然神采飞扬。"那天，我在台上变出了87把伞，最大的伞直径两米，有3把，90厘米的伞27把，其余那种满台飞的小伞我叫它'捻飞小伞'，直径13厘米，有57把。呵呵，你看我个子不高，穿着15厘米的高跟鞋，不带道具袋，也没有助手，这些伞，我都带在身上。"

曾辉每次去国外演出，那大大小小的西湖绸伞满台纷飞的场面令观众十分兴奋。有时，演出结束时好奇的观众会到台上来数伞，甚至还发生过观众抢伞事件，幸亏那次她准备了一套备用伞，否则没了道具就只好中途打道回府了。此后，曾辉每次去国外演出，都会买些西湖绸伞带去，演出完毕，就卖给那些喜欢西湖绸伞的观众。

曾辉与西湖绸伞结缘是在1980年，她偶然看到西湖绸伞就被它吸引了，想能不能把它用到舞台上？没想到，这一念，竟从此改变了她的一生。

魔术"变伞"没有摹本，也没有参考资料，曾辉得靠自己，从制伞，到变伞，所有的程序都由自己设计，那年她30岁。为了做伞，她跑了117家工厂，几乎花完了自己所有的积蓄。因为表演伞的尺寸特殊，没有厂能专门为她制作，但是西湖伞厂技术科的陈科长、屠家良等师傅还是为她提供了许多帮助，指导她学习制伞工艺。

为了制作道具伞，曾辉花了9个月时间，学会了整套制伞程序。然后买来砂轮、打孔机、老虎钳、台钳，大大小小全套制伞工具，学会了车、铣、刨、钻，自己做钳工、做钣金。舞台上的魔术伞和日常伞要求不一样，那时的她连吃饭、走路，甚至做梦都在琢磨制伞的技术。伞骨是自己做的，伞面是丝绸街上买的杭州素绉缎，伞面上的图案也是她自己画的。那丝绸伞面艳丽非常，灯光一打，姹紫嫣红。

伞做出来了，还有舞台上变化的难题需要解决。有时想破脑袋想不出，就去上海，请教著名魔术师付腾龙老师。那时杭州到上海只要4元钱的车票，乘后半夜的火车到上海正好天亮。曾辉清早去敲付老师的门，请教完，又乘9点钟的火车返回杭州。走到杭州杂技团门口，曾辉就忍不住要把戏法变给传达室的大爷看，听到大爷说："咦！一眨眼工夫，从哪里变出来的？"对曾辉来说，这就是最高褒奖。

1984年8月7日，第一台魔术伞《彩伞争艳》首演；1987年，《彩伞争艳》在第二届全国杂技比赛中获优秀节目奖、优秀道具奖；1997年，获美国第69届国际魔术节舞台金奖。曾辉说，这么多的奖项中，道具奖对我来说得来最是不易。

西湖绸伞成全了曾辉，曾辉又将西湖绸伞推向世界各地，使看过演出的人都知道：中国有个城市叫杭州，杭州有一种漂亮的伞，叫西湖绸伞。

四、绸伞密码

20世纪30年代，都锦生从日本考察带回几把绢伞，从中受到很大的灵感启发，于是以杭州本地的淡竹和丝绸为原料，以江南地域文化、西湖人文风景为主要创作元素组织创制的西湖绸伞应运而生。其伞头为三潭印月造型，伞面刻版刷花西湖美景，伞扣为传统中式盘扣，延续了南宋以来温婉典雅、精致内敛的风韵气质。其古朴典雅的造型，与伞面的西湖美景融为一体，手感舒适、线条流畅，极富地域特色。

说到西湖绸伞诗情画意的工艺，主要以伞体的材质美、工艺美和伞面美的设计制作而一绝天下。

（一）淡竹丝绸——材质之美

从材质美上讲，西湖绸伞撑开放射性伞骨的竹是采用杭州附近安吉、德清一带特有的淡竹，而不是一般的毛竹。淡竹有质地细腻、竿直均匀、色泽玉润、性韧坚实、曝晒不弯的特点。制伞的淡竹要求直径为4—5厘米，竹节上下间隔为25—26厘米，竹面无斑、无阴阳面，生长期3年以上。选竹，俗称"号竹"，每年霜降后的腊月是最佳砍伐时节。过嫩、过老、过小的竹都不能要，每根淡竹只能选取2至3把伞骨，其余的另作他用。由一节淡竹竹筒均匀劈成32根或36根细条长伞骨，另配短伞骨和杆组成伞体，收拢时像是一段淡雅的圆竹，这样把握在手上才显现出舒适的美感。

伞头和伞柄采用上好的木纹细密的樟木，而伞面的面料选择也很讲究。杭州是"丝绸之府"，杭嘉湖平原盛产蚕丝，丝绸中最佳的选择是薄如蝉翼的乔其纱，很适合制成伞面。织造精细、质地轻软、透风耐晒、易于折叠、常用的西湖绸伞伞面色有正红、枣红、墨绿、宝蓝、粉绿、桃红、天蓝、群青、粉绿、草绿、柠檬黄等20余种，当然也有蓝印花布和万缕丝以及电脑绣花，等等。而流传于民间的《白蛇传》中"湖畔借伞"故事更使西湖绸伞增添了一分

〔宋〕《蚕织图》

神话色彩。淡竹和丝绸的绝配，使西湖绸伞的画意跃然于潮人面前……

（二）精雕细琢——工艺之美

西湖绸伞选材上考究，在制作工艺上更胜一筹。这种唯一性具体维系在西湖绸伞制作的18道工艺上。国家级非物质文化遗产代表性传承人宋志明先生在制作工场，将西湖绸伞工艺的主要工序叙述和操作得淋漓尽致。除了采竹、劈竹、伞骨加工、车木在产竹基地制作，其后续几道工序更需精工细作全部采用手工完成，环环相扣、口授相传、师传徒承。

第一道工序是裁绸拼角，选好居中圆心把绸拼成伞面圆形。要求选好料，拼角要居中，针脚不宜过长，一般每厘米两针。第二道工序是撒青。把伞骨的篾青和篾黄分开，并编好号，要十分注意，篾青不能撒断，上下编号字迹要清楚，第一根竹青和最后一根竹青按顺序做好记号。第三道工序是换腰边线。伞骨劈好钻孔后开始是用普通的棉纱线经孔穿起来的，做成伞时要把此线换成彩丝线，彩丝线的颜色与伞面绸的颜色要一致，且注意不能把权短拉破，边线要拉紧。第四道工序是绷面上浆。上浆前首先要检查绸面有否白斑、跳丝、断头，绷时丝纹要拉正直，上浆要匀，当心绷圈成蛋形驼背状。第五道工序是上架。要注意胶水涂均匀，档子上排均匀，不跳即可。第六道工序是剪糊边。剪边要一样宽窄，不能太宽或太窄，还要防止露白线，先要剪得好，才能糊得好。要求工匠剪时多注意，看准后再下剪。第七道工序是在伞面刷花（亦可画花、绣花）。根据图案套色版子，要求板版对准、层层套色、循序渐进，刷出立体感，防止脱胶和脱版。第八道工序是串花线。就是把32或36根伞档子用丝线按次序串起来，样式并不固定，十字交叉型、平行穿线法都可以，总共需296针左右，连线成一种简要的图案，这样既不脱节，又很艺术化。要防止脱节或把短权弄断。第九道工序是扎伞。这道工序主要是给伞正形。扎伞时要扎紧，不能反复勒，绸面不要露出（从两根伞骨间挤出来）。第十道工序是贴篾青。伞面糊好后，把原来撒下来的篾青按号再贴到原来的篾黄上去。这道工序直接影响到伞的外形，比较重要。要求三齐：尖头齐、竹节齐、边齐，不偏左右，没有胶水迹。第十一道工序是装杆。伞在手上收撑时铜跳要灵活，安装角度：气候干燥时装95°，气候潮湿时装90°。因为如果气候潮湿时也装95°，那么等天干燥时伞撑开就不止95°，伞面就要往上翻了。第十二道工序是包头。包伞头时油漆要涂得均匀、光滑，爪头不露篾青、篾黄。包好后检查一下收撑是否灵活。第十三道工序是打钉扣。钉扣要紧靠竹青打，不使绸面拉破，蝴蝶结要打均匀。第十四道工序是胶头柄。柄要胶得正直、不歪斜。第十五、十六道工序是检查牢度和包装出品。经过以上十数道工序的整个绸伞制作过程紧凑、细致，能保证最终"撑开为伞，收拢成竹"。

（三）三花齐放——伞面之美

西湖绸伞在材质美、工艺美上是胜筹的关键，而伞面的画面图案亦是不可或缺的。伞面装饰传统工艺上俗称三花，即"画花、刷花、绣花"。

"画花"即在伞面上绘画。这与在纸质、板质、布质上的绘画有本质的区别，因伞面乔其纱临空发软，纱料经纬密度不高，在纱上绘画如同赤脚在蹚河泥一样，笔势、水分都要尤其注意，顿、挫、提、按的快慢速度都需掌握得恰到好处，只有这样才能充分表达好伞面的艺术效果。

"刷花"是西湖绸伞在20世纪六七十年代发展盛行起来的。当时因出口创汇需要，国家出口工艺品数量剧增，西湖绸伞每年产量达60多万把。设计师们设计好图案，用清漆刷过的马粪纸，晾干后在上面绘制组合图案，镂空刻制成套色版样，根据色版，层层刷色、简洁方便、易于生产。

"绣花"的西湖绸伞是比较金贵的一种。其中"盘金绣"又名"金银绣"，是杭州刺绣最古老的绣种之一，用比丝线粗两三倍的金银线，以齐针、别针、套针的绣法，在西湖绸伞上绣制出《二龙戏珠》《飞龙》《百寿图》《宝相花》等，可谓富贵、经典，收藏艺术价值极高，令人叹为观止。

西湖绸伞种类繁多，有的遮阳遮雨的日用绸伞，有五彩缤纷的装饰伞，有舞蹈演员台上撑打的舞蹈伞，有杂技团演员走钢丝用的杂技伞，有戏曲演员在演绎传统戏曲文化时用的戏曲伞等，共10多个品种。随着人们生活水平的提高和对精神文化的更多追求，对于西湖绸伞的个性化艺术的要求也日趋提高，而手绘的、精制的、个性化的伞面图案绘制越来越受到人们的热捧。这些赏心悦目的美丽伞面，以及其独特的美感，成为工美艺术中永不凋零的奇葩。

彩虹伞，顾名思义，因其色彩而成名。彩虹伞因在偶像剧中男女主角的使用而开始风靡，如台湾偶像剧《蜂蜜幸运草》等剧中就曾出现过彩虹伞这一元素，并且都有一段浪漫的故事，因此彩虹伞更包含着一种浪漫的情调。而西湖绸伞的彩虹伞，自然是区别于普通的彩虹伞。传统精湛的制伞工艺、独特的丝绸伞面，更给这种浪漫的象征灌注了一种源自西湖的灵气，让其不再是单纯从偶像剧或普通生活中走出的工艺品，而是在不断渲染下拥有了自己独一无二的灵魂，成为一件举世无双的绝美艺术品。它不仅象征着爱情的色彩斑斓，更象征着西湖景致和江南文化的绚丽多彩。彩虹伞可以说是西湖绸伞与时俱进的代表，但它却不拘于所谓的"时尚潮流"，着重结合创造自己的时代文化特色，其所呈现的，正如天边彩虹一般美丽和惊艳。

"撑着油纸伞，独自彷徨在悠长，悠长又寂寥的雨巷。"总觉得戴望舒《雨巷》中的那位丁香一样的姑娘手中撑着的，应该是一把西湖绸伞。薄如蝉翼的江南丝绸和细润的青青翠竹完美结合而成的西湖绸伞，仿佛才是那一枝在诗人的梦中飘过的丁香。

西湖伞上绘，流韵竹中淌。一支细润的青竹，被巧剖为纤纤32根，薄如蝉翼的丝绸柔顺地缠绕于篾青与篾黄之间，套色刷花，将秀丽的湖光山色徐徐展开。江南的丝与竹在西湖绸伞上得到了完美的演绎。从一根竹子、一块绸面到一把西湖绸伞，要经历十数道工序：选竹、伞骨加工、车木、伞面装饰、伞骨撇青、上架、串线、剪边、折伞、贴青、刮胶、装杆、包头装柄、穿花线、钉扣、修伞、检验、

雨巷

包装。若是每一道工序再展开细分的话，则有百余道工艺之多。

在制伞的最后环节，匠人们选取西湖美丽的景致印于伞面，独特的印刷技艺使画面栩栩如生，结合中国传统的书画技艺，更使西湖绸伞增添了人文风情，韵味流转。

如此一来，西湖绸伞不仅有遮阳挡雨的实用功能，又有传统韵味的观赏价值。这种高度贴合东方古典审美的工艺制作，也曾经有过获奖无数的辉煌，它曾在1984年和1981年两次获得"浙江省优质产品"荣誉证书，1990年获中国工艺

民国风情画

美术百花奖一等奖，2001年获世界华人专利技术博览会金奖，2003年获杭州市优秀旅游商品金奖。在2008年，西湖绸伞被列为第二批国家级非物质文化遗产项目。时光流转，西湖绸伞正不断地散发出其自身的魅力，再一次向世人展示出自身的美丽和高贵。

五、百年传承

西湖绸伞于1934年问世后，一时风靡时尚界，当时每把售价7.5银元（约合一石米），价格稍高且没有图案花样，故销路呆滞。不久，都锦生厂精心设计伞面——定以刷制西湖风景图案，以体现绸伞的独特情趣，此后西湖绸伞销路渐广。到了1935年春天，杭州出现第一家专门制造绸伞的作坊，这就是著名的"竹氏伞作"。

抗日战争前期，杭州全市西湖绸伞年产量渐长。不幸的是，1937年卢沟桥事变后，战火在全国蔓延开来，国内陷入一片动荡不安之中。在随后的8年抗战中，中国商业体系一度陷入瘫痪，西湖绸伞也不能幸免，绸伞生产全部陷入停顿。

直至中华人民共和国成立后，良好的生产环境使得绸伞业迅速发展。无数的制伞匠人身体力行，办起了国营杭州西湖伞厂，又成立了杭州工艺美术研究所西湖绸伞组，有400多名职工，10多名研究人员，年产绸伞约60万把。1952年下半年，西湖绸伞由土产出口公司收购外销苏联，由此流向各社会主义国家以及印尼、锡兰、意大利、菲律宾、印度、缅甸等40余个资本主义国家和中立国家。至此，西湖绸伞打开了国外市场。

然而刚从战乱中脱身的西湖绸

中国伞博物馆

八角形油纸伞（中国伞博物馆展品）

伞，又因随之而来的10年"文化大革命"而再次受到重创。"文革"时期，绸伞被视为"四旧"物品，生产奄奄一息。几经停产后，绸伞终得继续生产，但销量甚少，仅作为传统工艺美术品种得以保护。

"文革"结束后，西湖绸伞逐渐从阴影中脱身，重新发展起来。经历过几番波折后，在日新月异的新时代潮流中，绸伞业仍显得有些力不从心。由于工艺的繁杂、手艺人的减少，技艺难以传承，使得市面上很少再能看到那些纯手工制作的西湖绸伞，美丽的西湖绸伞也正逐渐淡出了世人的视线。现今在杭州各大景点所出售的西湖绸伞，并非真正意义上的绸伞，而是商家利用其他相似材料仿造而成的。在调查访问当中，有60%的受访者因市场上假货横行而丧失了对西湖绸伞的信任，以至不愿购买。

西湖绸伞生存困难的原因除了假货盛行以外，还因为真正的西湖绸伞对原材料和工序技术要求甚高，且各项工序都需纯手工制作，成本较高，故市场价格昂贵，也导致其销量不佳。制作绸伞的竹子一般选用浙江安吉、德清一带的竹子，它并非毛竹，而是精选淡竹，一般选择生长期在3年以上时间的竹子，口径要在五六厘米，不能有阴暗面。材料尚且来之不易，制作便更须耗费心力。一把伞，百十道工序，千万条讲究，若非真正热爱且沉心于此的工艺匠人，谁也无法制作出真正巧夺天工、精巧美妙的西湖绸伞。况且如今，现代社会发展进程加快，高效率成了年轻人所追求的代名词，因此，枯燥乏味又要求甚高的手工制伞工艺学习很难吸引新一代的传承人，手工制伞工艺由此濒临失传。

值得庆幸的是，2008年西湖绸伞制作技艺被列入第二批国家级非物质文化遗产项目，全社会给予作为非物质文化遗产之一的西湖绸伞以更多关注。同年，杭州市委、市政府在实施京杭大运河（杭州段）综合整治与保护开发工程中，在杭州大运河畔建造了国家级的非物质文化博物馆——中国伞博物馆，为各种正在渐渐退出历史舞台的制伞工艺找到一个可纪念、可展示、可传承的归宿，具有江南韵味的西湖绸伞也得到了一席展示之地。如此，西湖绸伞就不再是一位"隐士"了，它保存了人们记忆深处的一种文化意象，演绎并传承下去。而在杭州政府社会的支持下，有更多人投入到了传统技艺传承的工作中，为西湖绸伞的发展注入了一道道鲜活的生命之泉。

西湖绸伞从绝处逢生，靠的正是那一代又一代制伞匠人夜以继日的维护和保存，一代又一代城市管理者对传统手工艺的重视和支持，也靠的是西湖绸伞本身所蕴含的中华文化的坚韧基因。可以说，历经战火而不灭的伞骨中，更添了一份坚毅和韵味。

当然，传统工艺的传承不能只是口头热血，更应当付诸实际。西湖绸伞的继承与发展，应当从以下几个方面入手：

其一是伞面丝织技术的传承。西湖绸伞的伞面采用杭嘉湖地区的A、B级厂丝电力纺制成。在"一带一路"的政策背景下，西湖绸伞应当在杭嘉湖地区招商引资，通过竞标等方法吸引中外商家公平竞争、进行投资，建立相应的丝织厂。同时招收工人，在工人上岗前邀请老技术人员进行技术培训，传授技术，并且建立相应的体制机制，从而全面传承西湖绸伞伞面丝织技术。

其二是伞骨技术的传承。西湖绸伞的伞骨，应精选生长在山谷溪边的竹筒细长、竹节平整、篾均皮薄、色泽青翠、挺拔圆直、竹龄三年以上的淡竹为材。要积极鼓励投资商在淡竹的著名产地——奉化、余杭、德清、安吉、富阳等地建立淡竹种植园，专门种植淡竹。同时对淡竹种植园进行实时监控，避免虫害，以防在淡竹表面留疤，影响伞骨的质量与美观。可以通过与竹商签订具体协议，长期固定购买品相质量良好的淡竹，以保证西湖绸伞伞骨的纯正。竹园还可向游客开放，同时发展旅游产业，实现社会效益、经济效益、文化效益最大化。

其三是伞顶和伞柄技术的传承。伞顶和伞柄，须采用坚硬细密的古树或乌树木料为材，可与国内外相关投资商合作，建立专门的树林或者通过竞标选择长期合作伙伴。

其四是完善工艺保护措施。在科技高速发展以及"一带一路"政策背景下，经济的发展正向机械化、人工智能化发展。西湖绸伞作为传统的非物质文化遗产，其手工技术工艺的传承成为难题。除了传统的人工传授工艺办法之外，应加大科研投资，对制作工艺技术进行深入研究，制造出符合传统技术工艺的相关机器，确保完成绸伞制作的各道工序。这样不仅能更好地传承传统技术，也可以提高效率和产量。

其五是落实管理措施。在几经低谷和崛起后，当前西湖绸伞面临的管理问题日益严峻。首先，建立基本的工作制度迫在眉睫，制作工艺必须细致。其次，须制定相应的考核管理机制，制定合理的生产目标和生产计划。除此之外，还应重视西湖绸伞的技艺和图案创新，注重对工人创新性培养，鼓励大家勤于生产、精于创新。

最后是提出和贯彻经营战略。面对当今市场各类物美价廉的普通雨伞的冲击，西湖绸伞面临多项挑战，因此要制定正确的经营战略，在"一带一路"政策背景下，积极将中国特色产品推向世界大舞台。首先，将生产分为对内、对外两个部分，合理定位西湖绸伞。对外主要为出口型精加工，对内则侧重于注重实用性和观赏性。其次，采用积极的招商引资政策，吸引外商目光为西湖绸伞的技术研发、生产提供资本、资金与技术的支持，并注重西湖绸伞的技艺创新。第三，须加大宣传力度，积极宣传西湖绸伞，可以适当请当红正能量明星作为西湖绸伞的代言人。

从工艺保护措施出发，结合有效的管理措施与积极的经营战略，对西湖绸伞制作的各道工序加以保护和发扬，相信在不远的将来，西湖绸伞将迎来属于自己的璀璨明天。

六、结语

在如诗如画的西湖，草长莺飞的季节，花香随着微风温柔飘散，不带一丝炫耀。只是这香气沉醉在了静谧的空间里，一时间忘了收敛，竟把西湖的秘密不经意间泄露了出去。暖春的太阳最爱西湖的可人模样，不骄不躁的阳光悄悄地洒在碧玉般的湖面上，把西湖所拥有的各样美丽用阳光糅合在一起，化成了游人从古至今的那一句句赞叹。

杭城不负千百年的盛名，从来都是美得漫不经心又惹人注目。它从不曾刻意去吸引别人，却又有无数人折服于它的绮丽。瞧这青山，再看那绿水，原来世间的美丽大自然早已刻画好了；看那青瓦，再瞧那亭榭，江南的小桥流水人家亦是从诗文墨卷中化为现实。漫步街边，阳光的味道悄悄渗透进人们的身体，一霎间人们明悟了之前没有真实体会过的真理，最终彻悟了自己心灵最初的追求，蓦然有了一种不以物喜、不以己悲的感悟。看着这亘古未变的西湖好似活了一般，携着清风，揽着细雨，带着斜阳，挽着碧波，似惊涛又似羽毛，恍然间扫过人们的心扉，于是心灵也达到了一种美学的高度。而中国传统的书画艺术已经将西湖的一点一滴都刻在这把伞上了。在西子湖畔，烟雨蒙蒙或是天空晴好，有了这么一把锦绸竹伞，才更添江南韵味。

西湖离不开绸伞，绸伞也离不开西湖。西湖美的精髓已经留在了这把伞上，留待人们细细品尝，而这伞的故事也为西湖撰写了不止一重的美丽，所以，西湖和绸伞怎么能分开呢？都锦生丝织厂的老先生们也许正是发现了这西湖美的精髓才制作出这小小的绸伞，才那么精挑细选地经过数十道工艺来完善伞的美丽，为的就是不辜负这西湖的韵味，让这小小的伞把西湖的文化传递给世界吧。

西湖所形成的独特性格是中国文化里江南美的体现，绸伞所拥有的艺术是西湖古酿里最值得品尝的一种。因此，西湖绸伞的传承，不仅是一种工艺的传播，更是中国文化性格的延续，是中国美的传承。

竹是西湖的竹，景是西湖的景，人是西湖的人，西湖绸伞从诞生之初，就已经与西湖的文化紧密相连。

西湖绸伞点缀着西湖，西湖滋养着西湖绸伞。湖中自有神明在，伞下必然有灵魂，西湖绸伞和西湖，就像相知千年的情侣，在不断地向世人述说着关于"美"的佳话。

我们相信，在制伞匠人一代又一代不懈的努力下，在政府源源不绝的支持中，也在西湖绸伞那承自君子的傲然不屈的精神里，西湖绸伞会越来越强大，走入越来越多的人的视野和生活。

一支竹就是一把伞，一把伞就是一个西湖。中华美，向来如此脱俗。

西湖天竺筷：天圆地方有个家

　　民以食为天。中华民族饮食文化源远流长，而饮食器具相生相伴，亦是有着千百年的历史。筷子，乃中国常用的饮食工具之一，通常由两根组成，其中蕴含着中国传统的阴阳文化。太极是一，阴阳是二，合二为一，是为大同。

　　悠远、丰富的用筷历史孕育出多种多样的筷子品种，西湖天竺筷便是其中独具特色的一支。西湖天竺筷，顾名思义，诞生于杭州城里"水光潋滟晴方好，淡妆浓抹总相宜"的西子湖畔。西湖天竺筷为杭城的地方传统手工艺品，是杭城本地宝贵的非物质文化遗产，因着精良的做工和精美的外观，深受人们喜爱，跻身中国十大名筷之一。

河上的竹筏

一、历史传承久，故事娓娓来

（一）筷子一双，文化千载

说到名筷西湖天竺筷，还得从筷子的历史说起。我国是筷箸的发源地，用箸进餐历史悠久，不过具体的使用时间却不如勺子、叉子等器具明确。学者根据文字记载，推断出用筷历史至少有3000年之久。《韩非子·喻老》中载："昔者纣为象箸而箕子怖。"司马迁在《史记·宗微子世家》亦云："纣始为象箸，箕子叹曰：'彼为象箸，必为玉杯；为玉杯，则必思远方珍怪之物而御之矣。舆马宫室之渐自此始，不可振也。'"纣王乃商朝末代君主，而商朝建立于约公元前1600年，由此可见，早在3000多年前，我国就出现了精制的象牙筷。

筷子的起源过于久远，甚至可以追溯到新石器时代。不过那时还未诞生文字，因此也无法找到关于筷子的记录。有些专家推断是传统的烤食法促成了筷子的形成。《礼记》中郑玄注云："以土涂生物，炮而食之。"古时人们用树叶将食物包好，再糊上泥土置于火中烤熟。为了使食物受热均匀，人们不断地用树枝翻烤。而先民们就是在翻动食物的过程中受到启发，久而久之，出现了筷子的用法。这种推测我们无从判断其真假，但不可否认其具有一定的合理性。

实际上，关于筷子的起源，还有不少民间传说，最出名的便是姜子牙、妲己、大禹这三个人物的传说故事。

提到姜子牙，那句"姜太公钓鱼——愿者上钩"的歇后语应当是人尽皆知的。传闻姜子牙平时只会钓鱼这一门活计，故生活穷困。其妻难以忍受清贫的生活，欲毒死丈夫另嫁他人。一日姜子牙钓鱼空手而归，妻子已烧好饭食。肚饥的姜子牙徒手抓起肉，正欲食之，却被一只鸟打断。姜子牙将鸟驱走，再抓起肉时，那鸟又飞了进来啄其手背。第三次仍是这样，姜子牙犯疑，隐隐觉得这鸟是神鸟，在阻止他进食。于是他装作赶鸟，追出门去，直追至一个无人的山坡。只见那鸟立于一枝丝竹上，鸣唱道："姜子牙呀姜子牙，吃肉不可用手抓，夹肉就在我脚下。"姜子牙受到指点，摘了两支竹枝赶回家中。这时妻子催他吃肉，姜子牙用丝竹夹肉，只见丝竹上冒出股股青烟，于是心中明了。他故作不知下毒之事，问道："这肉怎会冒烟，难道有毒？"语罢便夹起一块肉欲塞入妻子口中，妻子吓得面色发白，夺门而出。姜子牙明白这丝竹乃神鸟所赠，可验百毒，自此餐餐都用丝竹进食。这事流传出去后，街坊邻居纷纷效仿，这用筷吃饭的习俗便代代相传下来。

姐己的传说也颇有趣味。传闻商纣王喜怒无常，口味更是刁钻。或觉得鱼肉鲜美不够，或觉得菜肴温度不当，可谓伴君如伴虎，许多名厨都因此丢了性命。而宠妃姐己，深知纣王难以侍奉，故每逢摆酒设宴，各类佳肴都要一一先亲自品尝，确保无误后再奉给纣王。一次，姐己尝到有几份菜品过烫，可纣王已经来到餐桌前，再调换已来不及。姐己恐纣王不悦，急中生智，忙取下别在头上的玉簪，用玉簪夹菜，装作体贴的模样，将菜吹了又吹，待温度适宜后才送入纣王口中。纣王没有察觉，只觉得自己的妃子娇俏可人，由她喂食不失为一件享乐之事，于是往后次次都要姐己如此。姐己寻了巧匠，特制了一幅玉簪，专用于给纣王夹菜，这便是玉筷的雏形。而这种夹菜的方式流传到了民间，便产生了筷子。

第三则民间故事则认为是大禹发明了筷子。大禹治水期间，水情恶劣，治理任务繁重。为了将更多的时间投入到水患治理中，大禹三过家门而不入，时常是在野外进餐。他治水心切，用餐时往往刚烧开锅就急欲进食。而汤水煮沸时温度极高，无法直接用手抓取食物，于是大禹就随手折了树枝夹肉夹菜，民间相传这便是筷子最初的原型。这个故事的真实性无从考究，不过因熟食烫手而诞生筷子这类用具，倒也符合人类生活的规律。

而关于筷子的名称，也有诸多讨论。《礼记·曲礼上》中记载："羹之有菜者用梜。"郑玄注："梜，犹箸也。"可见，在先秦时期，筷子被称为"梜"。到了汉代，改称"箸"，直至明代，才称为"筷"。

"箸"称在古代使用的时间最长，也是官方、民间认证的正统叫法。为何到了明代，却改名为"筷"呢？最普遍的说法便是由于民间忌讳。根据明人陆容所著《菽园杂记》一书："民间俗讳，各处有之，而吴中为甚。如舟行讳'住'，讳'翻'，以'箸'为'快儿'。'幡布'为'抹布'。"明代的吴中，也就是苏州、常州一带（今日苏南及上海），因处江南鱼米之乡，水路纵横，水田密布，故而船家往来频繁，渔民众多。这些行船的人忌讳船"住"，而筷子的古称"箸"又犯了谐音的忌讳，因此在民间一直不大受欢迎。百姓们为了避讳，顺便讨"行船畅快无阻"的吉利，便反其道而行，将"箸"改为"快"。又因筷子多为竹木而制，久而久之，便写作"筷"。

关于筷子的称呼，还有一段有趣的故事。筷子起源于中国，带有独特的东方色彩，对于惯用刀叉的西洋人而言，便是新奇无比。明万历年间，有位名为利玛窦的传教士游至中国，在朝廷举办的宴会上，见识到了中华民族严谨而慎重的饮食礼仪，对其中精制、复杂的饮食器具更是感到惊叹无比。他感叹中国人只用光滑、纤细的筷子，就能毫不费力地夹起各色食品。不过，当时随行的学者并未将筷子的称谓介绍给这位欧洲人。直至两百年后，上海租借地兴起"洋泾浜"英语，将筷子译作chopstick，意思是"很快的棍子"。这些翻译者想必自己也不了解"筷"的名称渊源，只是取其表面的字音意。不过倒是歪打正着，应了最初筷子改名的含义。

筷子作为中国的传统饮食器具，与中国人的日常起居息息相关，因此它的起源、发展、制作等都映射了中国人民的生活方式和思维观念。例如，筷子一头圆一头方，圆的象征苍天，方的象征大地，对应了传统的"天圆地方"的观念，这是中国人民最早对于世界的认知。又如筷子由两根细棍组成，使用时二者合一，对应中国人太极和阴阳的理念。太极是一，阴阳是二，一分为二，代表万事万物的对立两面，合二为一，则为大同。中国人讲究合二为一，因此不称筷子为"两支筷子"，而是"一双筷子"。

中国的筷子分为5大类，分别是竹木筷、玉石筷、牙骨筷、金属筷以及化学筷。竹木筷的历史最为悠久，也是使用最为普遍的一类。西湖天竺筷属于竹木筷的一种，却有着区别于其他竹木筷的特有魅力。一方面它生于西湖，印染上江南水乡的诗情画意，细瘦的筷身镌刻上千古杭城风情；一方面它巧与神佛结缘，携带着一丝天竺的佛教气韵。

(二)西湖天竺，竹香成筷

西湖天竺筷成为杭州专属的文化符号，被代代杭城人赋予深刻的文化内涵和独特的水乡风情，使它在成为传统意义上的饮食器具的同时，又有着超越普泛使用价值的审美意蕴和文化意味。

西湖天竺筷诞生于300多年前的江南大地，在杭城土生土长。对于老底子杭州人家来说，天竺筷是家家户户碗盏间的"老搭档"，放眼整个杭州城，它"江南名筷"的名号都是响当当的。而如今，这个名号更是沉淀出浓厚的历史感和文化性。2006年12月，"天竺筷传统技艺"入选"杭州市非物质文化遗产名录"；

2009年6月又被列入第三批"浙江省非物质文化遗产名录"。它的名声逐渐传出杭州城，响遍整个浙江省，扩散到全中国乃至世界。

而这位杭城人饭桌上的"老搭档"，不仅名气响，身世也颇具传奇性，格外耐人寻味。相传，清乾隆年间，西湖天柱山上有法镜寺、法净寺、法喜寺三大名寺，往来香客络绎不绝。这香客一多，寺庙的和尚一面欢喜一面愁：欢喜的是寺庙香火兴旺、名声在外，愁的是庙里现有的筷子不够用，总不能让诚心敬香拜佛的善男信女们徒手抓饭吧。为了应急，庙中的小和尚提出，附近的天柱山上盛产小苦竹，这苦竹最高不过2米，直径一般也只有1厘米长。而其竹节长，粗细又合适，且孔小，易漂洗不宜霉变，正是制作筷子的绝好材料。于是小和尚同庙中的其他和尚，将天竺山上的小苦竹截成小段制成竹筷，给香客们使用。因为竹筷制作精细合宜，且留有竹香，又恰似敬献佛祖的两炷清香，所以大受来往香客和游览者的欢迎。久而久之，天竺筷的名声越传越响，其制作工艺也不断精进，成了民间喜爱的一类竹筷。

到光绪十二年（1886），有个叫潘三四的手艺人，凭借自己高超的铅丝技艺，为天竺筷烙上了独特的花纹，镶上了别致的锡质筷头，又用酸碱中和法给筷子染上了不褪色的枣红色。经过此番加工的天竺筷外观显得精美别致，不仅能

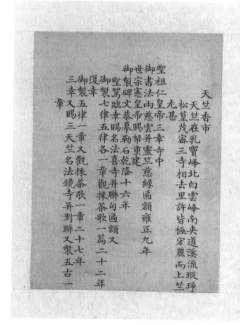

天竺香市

满足人们夹菜吃饭的使用需求，还极具审美情趣。于是当地居民纷纷效仿，制作出许多颇具美感的竹筷，再用红绿丝线将筷子扎成一捆，兜售给往来香客和游者。从此，天竺筷就从简易的小筷成为精美的工艺品，随着竹筷生意越来越好，有些农民甚至放下了农活，专门生产天竺筷，杭州第一批天竺筷手工作坊便由此诞生。

至民国时期，平阿大、平阿二的兄弟发明了用烧红的铁笔在筷身上绘画的技法，利用铁笔坚硬、纤细的特点，画出比烫花更细腻、更生动的人物和山水。他们用铁笔手录名人诗词于筷身上，字迹或龙凤飞舞，或典雅凝重。因此他们做的天竺筷常常要预约订购，生意非常不错。当时杭州的天竺筷作坊已经发展至10余家。这些作坊大多集中在大井巷、十五奎巷，那时还流传着一句话"天竺筷出了名，做煞了大井人"。

天竺筷缘于佛家，自出身就带着佛教的光环。中国人喜好祈福，佛家又是宗教之首，而筷子本身有"快乐"的谐音，因此被看作是祈福的首要选择。天竺筷的成名，就跟这些被人赋予的含义有着很大的关系。

由于众人对天竺筷的追捧，其发展尤为迅猛，因此随着不断的改良，天竺筷

灵隐寺

天竺山图

也逐渐呈现出多彩和斑斓的艺术特征。第五代传人王连道通过一系列的改良，恢复了在战争和社会变化后没落的天竺筷，并进行了多种创新，打造出了"西湖天竺筷"的独特品牌。再一次的把中国筷子推向了世界和大众的视野。

　　可以毫不夸张地说，西湖天竺筷在中国的筷子领域中具有领头羊的地位。它不仅有着筷子本身的阴阳内涵，还包含着西湖独特的人文精神，又融入了佛教文化中的祝福祈愿之意，从而为筷子赋予更多重的意义，让其不再只是吃饭工具，更是中国人团结、中庸、不屈、坚韧等精神的象征和体现，是一种只属于中国人独有而独特的文化结晶。

二、匠人予生命，文人刻灵魂

（一）以竹为本，炉上烙画

300多年前的杭州人，绝不会想到日常司空见惯的小苦竹竟会摇身一变，成为家喻户晓的"江南名筷"。这小苦竹生长在杭州天竺山上，每至春夏时节，一片翠意便从山脚蔓延到山顶，连绵到云际。这些绿生生的嫩竹，便是老底子天竺筷的原身。用苦竹制成的筷子，不用上油漆，在煮过晒过之后也不易发霉，且竹子自带淡雅、古韵之意，因此西湖天竺筷变成了集美观、健康、环保、诗意于一身的名筷。

提及西湖天竺筷，就不得不提到一个人——王连道。1948年7月出生于杭州，艺名石古，别署天竺居。5岁丧母，6岁曾进私塾寄读，先生赐教以毛笔习字，幼年确立了人生趣向。自幼在杭州生成长的他，对杭州有着无法言说的眷恋与深情。在这种情怀的驱使下，王连道一生醉心于杭州的传统技艺和历史文化，现任中国工艺美术家协会杭州分会副秘书长，中国工艺美术大师、浙江省非物质文化遗产代表性传承人，也是西湖天竺筷的第五代传承人。

王连道说，其实小苦竹非常适合筷子工艺，因为它竹节长，粗细合适，孔又小，这样的竹子如果不做筷子几乎没有任何用处。如此看来，倒是天竺筷赋予了苦竹新的意义，而苦竹也是天竺筷无法脱离的根本。

2006年起，天竺筷传承人王连道挑头创办了杭州天竺筷厂，在保留天竺筷不刷油漆、天然环保及烫画工艺装饰等基本元素的基础上，在设计理念和加工工艺上不断进行创新发展，自此，被束之高阁、几近成为古董的天竺筷，又重新回到了世人的眼中。

然而，重振天竺筷厂的事却不如想象中轻松。在创办筷厂的3年间，王连道竟练一双天竺筷也没有卖出去。倒不是因为天竺筷在杭州人心中地位一落千丈，而是因为当时的王连道并没有将太多的心思花费在筷子的销售上。他首先想做的，是精进、改良制作工艺，整整3年都潜心于如何改进传统的制作技巧，即便许多老师傅都抱着悲观的态度，他仍"知其不可为而为之"。

老字号旧影

传统天竺筷上的烙花做法是将刻有各种花纹图案的烙花钢板烧红之后，在烙花机上把花纹一圈圈压到筷子上去，花纹力道一旦烙上，经久不褪。所以这道工序的关键，便是手艺人的力道和分寸，快了、轻了烙不上花纹，慢了、重了就会烧焦筷料。高难度的做工，稍有疏忽就只能功亏一篑，这令许多老师傅心力交瘁。于是王连道想研发出一种工艺，让这道工序变得容易操作一些。

在经历过数次失败后，王连道并不气馁。他本身经验丰富，技艺纯熟：跟随过著名书画家王京甫、吴静初学习书法与国画；后从艺西泠印社篆刻家余正、李早大师习篆制印；也做过车工，在毛源昌眼镜厂工作13年，精通精工，比天竺筷更精密的眼镜和仪器都能做好，要掌握制作工艺并不困难。他想，何不利用机器印花，如此一来便可排除许多人工的意外因素，更确保印花的细腻、精美。

最后，筷子上的花纹图案，是经过电脑处理后，交给专门的厂家生产出烙花钢板，每一个由机器生产出来的天竺筷，筷子图案都如出一辙，很好地解决了印花力道的问题。

可是，这远远没有达到王连道心目中天竺筷的样子——在过去，筷子上的烙花只是单纯的复制，既没有新意又显得老套。而作为杭州名品的天竺筷，应当成为杭州符号，表现出杭城的山清水秀、人杰地灵，因此王连道希望在筷面上烙上西湖、运河，烙上杭州所有美好的风物人情。

那么，如何在空间有限的筷子身上，绘出气象万千？

（二）改良烙雕，融景于筷

在几番探索后，王连道做出了几方面的改善：首先，他把烙花时呛人的煤炉改成了电炉，如此一来，制作过程不但更环保，改善后的工作环境也使制作人能

117

纯手工制作筷　　　　　　　　　　《西湖十景》天竺筷

够投入更多的精力和时间在雕琢筷子工艺上；其次，他将用于制作筷子头的碾磨改换为更为细腻的砂盘，避免了筷子过于粗糙而划伤嘴唇；最后，为了凸显西湖天竺筷的杭州特色，他在烙花时放弃了早已用过百遍的老旧花式，而选择了取景于实，将身边鲜活的杭城模样映于筷上。

王连道在天竺筷筷身的烙花上倾注了非常多的心思。他耗时6个月，日日创作，终于设计制作了《西湖故事》：知味观的小笼包，楼外楼的西湖醋鱼，还有"龙井问茶""花港观鱼"，这些元素以传统烙花工艺附于筷上，神意的组合演绎出独特的钱塘风情。这一次改动，是天竺筷有史以来最为重要的一次创新，也是西湖天竺筷真正成名的起点。

王连道在设计天竺筷的同时，又在火烙工艺手法上与日渐进，他创作了一系列作品"西湖天竺筷·西湖十景""西湖天竺筷·龙凤御箸""天竺筷·运河古韵""天竺筷·济公赐福""天竺筷·快乐旅行"等作品，累计获得国家、省市金、银、铜奖50多项。

传统的烙花、雕刻工艺，结合杭州人文景观的特色图案，精致典雅的天竺筷终于大受欢迎。

"匠人给予生命，文人给予灵魂。"这就是天竺筷"重生"的秘诀。

（三）匠心工艺，精中取精

据上文所述，西湖天竺筷，以天竺闻名，原料来自于生长在杭州天竺山的小苦竹。而这选竹子就有不少讲究，要求取1—2年生的小竹。两年生的小径竹长不粗但能长得很长，且竹身坚韧，颜色玉白，少有疤节，适合用来做高档筷。一年生的小苦竹颜色较暗，可用作一般筷子。

由于当时没有监测仪器，所以天竺筷的选料一般都是肉眼进行，因此这就需要很丰富的经验来进行判断。

选好料后，将竹子在竹节处截断，这样的截法方能使夹菜的一头没有竹子的空筒，不留残羹。要保证筷坯清洁、自然直，并高温脱脂。之后的锯竹也要以竹节为准，按工艺要求分别锯成各种规定长度的筷料，一头必须齐节锯平。为了保证筷子质量，理坯的步骤不可或缺。传统的做法是在平面上滚动筷坯，不挺直、不圆润的筷坯会滚动不一，需扔弃不可为筷。还要将筷坯按粗细、色泽及病竹分别理出。其次就要进行磨头和砂光，将竹节的突出部分磨平，让整支筷料的表面变光滑，同时增其强度，使之厚度均匀一致。接下来就是制作天竺筷的关键工序——烙花。炭火上放"花板"，即刻有花纹图案的铁板，加热到预设温度，烙花师傅用一根长铁条擂（杭州话：滚动）筷身，一根筷子要烙三道图，需擂三次。在烙花过程中必须有高超技能，快了烙不上花纹，慢了烧焦筷料。最后，把合格的烙花筷子抛光，使其光洁油亮，这才算大功告成。

用这种技艺制作出的天竺筷保留了竹青的原生态模样，野趣天成，古朴自然，无需刷漆，环保健康，竹质原料使其轻便易洗，又节约木材。同时，筷身图案火烙而成，经久不褪色，颇有古风雅韵，别具一番情致。这样一双筷子拿在手里轻巧便宜，而且不用担心像其他筷子那样长出霉变的"乌花"。小小一副筷子却包含艺术与生活的完美融合，价格定位又平民化，所以天竺筷很快在群众中风靡传播开来，并牢牢扎根数百年之久。

三、虽有发展苦，更有能人推

任何一个百年老字号的背后，都有着一段艰难曲折的发展历程，西湖天竺筷也是如此。

伴随着天竺筷的风行，民间手工作坊也如雨后春笋般在杭州城里纷纷冒出了头，主要集中在大井巷一带，叫得上名的有"乾泰顺""汤顺兴"等，这其中又数"王老娘"独占鳌头，据说连乾隆皇帝都上过门，当时盛况，可见一斑。经久不褪的热潮一直延续到民国时期，据《天竺筷志》记载，1930年时大井巷一带的天竺筷作坊已发展到10余家。那时的杭州人都流传着这样一句话，叫"天竺筷出了名，做煞了大井人"。要问为什么销路这么好？谁家添丁添口不都要添双筷子嘛，逢年过节换套新的筷子也喜庆。而且，寻常老百姓吃饭要用筷，走亲访友、佳节赠礼，天竺筷也是沾喜气的好彩头。

在中华筷文化里，送筷子可是有讲究的。譬如，新婚之喜送筷子，就表示"快生贵子"；筷子遇上了乔迁之喜，那又是"送快乐"，不一而足。连宋美龄女士在回访各国友人的礼品回单里都忘不了天竺筷，在天竺、灵隐游玩后采购了不少，送给使节夫人们，天竺筷就在各位夫人的交口称赞中走出国门，成为见证国际友好的体面礼。如果没有遇上战争，或许一切都会平静地发展。之后频繁的战事与受阻的交通让天竺筷的销量大减，很多天竺筷厂商无奈倒闭或转行。虽说抗战胜利后销量略有复苏，但天竺筷最辉煌的历史已经过去。

中华人民共和国成立后，天竺筷也有过辉煌。20世纪六七十年代，伴随着悠长的驼铃声，100万把天竺筷送到了无数藏民手中，并受到极高的珍视。后来天竺筷还在香港的筷子评估大会上力拔头筹，广受赞誉。天竺筷的供不应求催生了天竺筷厂房，告别了"作坊时代"，集中生产，大量天竺筷流入市场，名声躁动一时。

到20世纪80年代，在机械化生产的大环境下，天竺筷和其他传统手工业制品一样，不得不面对衰落局势，其制作工艺极高的复杂性和极低的容许性，最终使其在新时代中走进了死胡同。天竺筷制作的整套工艺流程几乎是纯手工技艺，很难用大机械化来完成，挑选竹子都是用卡板或目测评定，大多靠经验，烙花技艺要求很高，只得口耳相传，边做边积累掌握技能，熟能生巧。同时天竺山风景区的成立又断了原料竹的源路，取材的困难，加之产值和附加值的低下，很少人愿意做，许多制作的小作坊也是偷工减料，用大毛竹劈开，做出来的筷子粗制滥造，毁坏了天竺筷的名声，天竺筷可谓举步维艰。

一次性用筷、塑料密胺筷等方便实用的筷子逐渐取代了天竺筷。随着信息化的推进，在速食型社会，很少有人能耐得住性子做筷子了，传承也成了问题。很多割舍不下对天竺筷感情的老杭州人，在面对其无可奈何的式微局面时，也只能一声叹息，然后像那些对天竺筷没什么概念的年轻人一样，从超市选择一双筷子。

天竺筷的传奇好像就到此终结了一样。

然而，在指引黑暗中的天竺筷重返光荣的道路上，出现了不少自发的"掌灯人"，天竺筷第五代传人王连道便一直在默默坚守着。从研究天竺筷工艺到重组建厂，抓牢设计本土化和生产标准化两个核心点的他，既着眼于改进生产工艺，拓展原料来路，引入半自动化操作，又重视花纹的设计，凸显杭州特色。天竺筷生产厂几经周折，终于将记忆中的竹筷送还市场，动人的西湖十景、瑰丽的古老传说，又随着人们的十指跳动在餐桌上。

同时，杭州市拱墅区委区政府在天竺筷的复兴路上保驾护航，和民间手工艺人一起共同抢救天竺

天竺筷礼品

天竺筷

筷。他们投入大量的人力、物力、财力，在政策扶持、经费扶助、平台搭建、基地建设等各方面对天竺筷进行保护，建立保护基地，将"天竺筷制作技艺"列入重点培育、扶持的非物质文化遗产项目，保护核心技艺、完善相关产品和刺激市场需求，打造文化创意产业。

如此尽心尽力的挽救终于收获纷至沓来的喜讯。2006年至2008年，天竺筷连年斩获三届中国国际休闲博览会金奖，之后又获得2008年度杭州市优秀旅游纪念品评选大会金奖、2009中国义乌国际森林产品博览会金奖、2009年优秀旅游商品博览会银奖、2010年杭州市优秀旅游纪念品评选金奖和首届中国（浙江）非物质文化遗产博览会银奖等。

再接再厉的王连道后来又开发和设计出许多独特的天竺筷，最出名的莫过于五双一盒的"西湖十景"套装，每根筷子上一景，筷子饰头还做成三潭印月的形状；"运河文化"套装是四双一盒的新品，"香积双塔""拱辰古桥""清御码头"和"桥西直街"组成一幅古老的运河人家生活画卷；"龙凤御箸"堪称最豪华套装，筷身的下半截用红木打造，筷子饰头是玛瑙，花纹是纯手工雕刻的

清朝时的西湖图

盘龙飞凤。除了筷子本身，筷架的设计也独具匠心，西湖断桥、济公帽子、乌篷小船，信手拈来。他以细竹为纸、烙铁为笔，转折钩挑间，就烙出了一幅环绕360°的西湖山水，引得众人一阵赞叹。

经此改造，天竺筷的附加值马上上去了，售价也开始攀升。至于产量，"一年能生产几百万双。现在大的订单都不敢接，做不过来"。

如今70多岁的王连道，是杭州唯一一家生产天竺筷的企业——杭州天竺筷厂的掌门人。传承发展了创于1875年的"天竺山"天竺筷，并被认定为"浙江老字号"，技艺列入"浙江省非物质文化遗产保护名录"，授予第五代传人。王连道也被认定为"浙江省天竺筷技艺传承人"，被授予"浙江省民间优秀文艺人才"的称号。

四、时代著艰难，经久永流传

在时代迅猛发展的今天，许多传统手工技艺品似乎都难逃"繁华落尽"的宿命，西湖天竺筷亦是如此。曾经的它风靡杭城，绝妙的做工和古韵古香让每一位杭州人，甚至是外地人，都倾心于它。而如今，我们可以很容易在超市买到一双木筷、塑料筷、金属筷，选择多得很。但不管是从对健康的追求还是对环境的保护来说，或者是筷子上赋予的浓浓手工气息和深厚的人文背景，越来越多的人意识到天竺筷的好，正在努力地把它找回来。

"天竺筷光是老年人喜欢，不行，一定要做得使年轻人喜欢，这样传承就没有问题了。"王连道与这种箬竹打了几十年交道，将它制作成一根根天竺筷，但是随着时代的发展，纯手工打造的天竺筷，在生产性保护与发展中，面临的困难与艰辛令他忧心。

"天竺筷都是火烙烙出来的，我们一直坚持手工制作。"王连道说，每一双天竺筷的诞生，都需经过截断、蒸煮、挑选、磨头等前后20多道手工工序。

"为什么我要坚持做下去？这天竺筷是杭州弥足珍贵的传统工艺，历经300年的风雨洗礼，老祖宗传下来的宝贵遗产不能在我们这一代丢失掉，这是我的心愿，也是一份责任。"王连道说道，"工匠精神最关键的原则就是坚持一样东西不停下来，千锤百炼，十年磨一剑，把东西做得很精致，不能停留在原来的基础上，只复制老祖宗的东西。"

诚然，只有跟着时代精神，坚持沿革和创新相结合，天竺筷的生命才能延续。此外，如何走好市场也是王连道一直在思考的问题。

"（未来）工艺美术大师、技能大师怎么跟经营大师结合起来？老字号、非遗怎么跟资本结合起来，怎么跟设计团队结合起来？资源重组是一个方向，将来单枪匹马是很难独大的。"王连道希望政府能够重视非遗的资源重组，让它们在新时代焕发光彩。

对于技艺的传承，王连道表示，非物质文化遗产的保护需要新一代年轻人的加入，中国需要"匠二代"。"现在我们在保持传统工艺的前提下，开发出了情人筷、儿童筷等新的品种，这些都是我女儿想出来的新点子！"据了解，王连道的女儿已经成为天竺筷的第六代传承人。王连道表示，中国的非物质文化遗产要想更好传承发展，就需要更多具有创新精神的"匠二代"加入进来，让非物质文化遗产能和时代更好地融合。

诚然，年轻人是最能适应这个时代的人群，他们的加入，无疑能够推动西湖天竺筷更好地融入这个时代，更能符合年轻人的口味，让更多的年轻人认识和了解到西湖天竺筷的独特内涵。

沉睡了十几年的天竺筷终于苏醒，以一种古老优雅又不失时代生机的步伐走进新时代，在街头巷尾的商铺中重现它的清丽姿态。河坊街的小店，奎元馆的片儿川，躺在柜子里的艺术感，捞面条的烟火气儿，都在诉说着它平实又感人的回归。然而这只是开始，重生后的天竺筷依然面临不少困惑。从前是潜移默化融入日常生活，到现在更多演绎为一种艺术品的存在。尽管生产引入了现代化技术，但主体工作仍然依靠纯手工，较低的产量无法供应超市的进货需求，只能去专卖店、网上或者直销厂家寻购。所以保护弘扬天竺筷的道路依然任重道远，需要我们共同培育一片沃土，让它的发展在艺术性和生活化的双线程中齐头并进。

"没有标准，做得随意。没有内涵，做得苍白。匠人给它生命，文人给它灵魂。只有二者结合起来，天竺筷才是活生生的。"希望照耀西湖天竺筷前进的道路上的灯火可以长明，使它可以稳健地走过下一个路口的转弯，保有竹子本身特有的生命力和韧性，让人们永远不会忘记它在指尖上的美丽时光。

毛源昌：源于品质昌于诚

　　21世纪的杭州，楼厦林立，车水马龙，来自海内外的英才能人都聚集于此，为了自我的"杭州梦"而不断奋斗着。"创新""创业"仿佛成了新世纪杭州的代名词，雨后春笋般生长的各类企业，遍布杭城，颇有古时"东南第一州"的盛名，也应了那句"钱塘自古繁华"。不过这样一个日新月异、充满着现代气息的城市，倒还保留着许多古朴的身影。

　　毛源昌便是其中之一。相信许多杭州人，无论老少，都对这个名称并不陌生。毛源昌是一家百年老字号眼镜店，称得上是地地道道的杭州"老住户"。早在清同治元年（1862），它便落户于杭城，开始其跌宕起伏，力争上游的发展之路。直至今日，毛源昌仍是杭州眼镜界中不可小觑的一分子，有如一株常青树，历经百年却不衰。

　　眼镜生产的历史在中国并不算短，从诞生之初至今也有近四百年光景。不过最初的眼镜发源地并非杭州，而是在与杭州并称为"人间天堂"的苏州。作为眼镜生产的开拓地，苏州对我国的眼镜业发展起到了很大的推动作用。明崇祯元年（1628），苏州眼镜史上一位杰出的技师诞生了，名叫孙云球，字文玉，又字泗滨，原籍吴江。他从小勤奋好学，善良心细，当时看到周

毛源昌旧址

毛源昌眼镜 始于1862

始于1862年

边有视力不健的人生活得很辛苦，而"单照镜"之类的工具使用起来又极其不便，就决定设计出一款不用手持，可直接架在眼镜上的镜片。经过反复多次试验，最终孙云球利用机械原理发明出了一架镜片研磨机器——牵陀车。这种牵陀车，需要用脚踏，从而促使机器转动运作，然后再采用矿石砂、白泥、砖灰等作研磨剂或抛光材料，把镜片磨成凸凹透镜，以适应不同视力问题的需要。孙云球不仅掌握了磨片技术，用天然水晶石磨制出镜片，还掌握了验光技术，并编制了一套"随目对镜"的原始验光方法用以验目，如此便可随目配镜，且效果丝毫不差。同时，他按照人的年龄和不同的视力，研制出老花、近视、远视等品种以及各种光度的镜片，镜片因材而配，且戴在脸上也比较方便舒适，故而大受好评。这便是我国自主验光配镜的开始。

后来，孙云球又发明研制了不同用途的光学镜头，有百花镜、鸳鸯镜、放大镜、多面镜、幻容镜等数十种之多，他所制造的眼镜更是名扬各地。可惜，这样一位有作为的技术人才却英年早逝，享年仅33岁。但他留下一部名为《镜史》的科技著作，对推动后世眼镜制造技术，起着不可估量的作用。

到了清代乾隆、嘉庆年间，继孙云球之后，苏州又出了一个制造眼镜的人才，名叫褚三山，他进一步发展了制造眼镜的技术，颇有影响。苏州出了孙云球、褚三山两位杰出的制造眼镜的技术人才，推动了当时苏州眼镜行业的形成和发展。在1735年，苏州已出现了专门生产眼镜的手工作坊。

清康熙年间，眼镜的制作与销售已在北京、上海、苏州、天津、广州等地蓬勃发展，眼镜已成了专门的商品，销售于平民百姓之间，不再只是古时富贵人家身份尊贵的象征。1840年鸦片战争以后，西方的配镜技术传入我国，为眼镜行业的崛起开辟了新的道路。清朝末年，英国人约翰·高德，在上海开设了"高德洋行"，专营机磨检光眼镜。之后，其他洋人纷纷进入这个行业——有托极司开设的"明晶洋行"，英籍犹太人雷茂顿开设的"雷茂顿洋行"等。自此以后，眼镜业蓬勃发展。到1911年，曾经在"高德洋行"工作的中国人筹资开设了"中国精益眼镜公司"。精益眼镜公司的开业，使我国眼镜行业有了质的发展，特别是在验光配镜方面有了很大的改革。而后随着我国经济建设的飞速发展，眼镜行业也势头迅猛。北京、上海、苏州等主要产地均具有了一定规模的眼镜生产基础。而且，很多品牌的眼镜行销全国、驰名中外。

追随着这股眼镜行业的浪潮，杭州也诞生了一家百年老字号——毛源昌眼镜店。它于清同治元年（1862）开设于杭州太平坊（中山中路），商铺是典型的"前店后坊"格局。毛源昌最早的创始人是毛四发，绍兴人，原在杭设摊售眼镜，后集资盘进詹源昌玉器眼镜店，改店名为"毛源昌"。

1927年，毛氏后代毛鉴永在上海肄业回杭后，购进先进设备，改变手工操作，以机器打磨镜片，做工更加精湛，质量也更为上乘，为此在杭州享有很高的声望。到了20世纪30年代初，其经营资力已是杭州同行之首。

杭州沦陷期间，店铺迁至金华、龙泉等地营业。到1956年公私合营时，毛源昌合并明远、可明、晶益三家眼镜店，改为毛源昌眼镜厂；在1958年9月易名为杭州光学仪器厂，至1984年恢复原名，毛源昌这个名称便一直沿用至今。

毛源昌在杭州确立了其眼镜行霸主的地位，经过一百多年的风雨飘摇，仍具有很高的声望和知名度。这家眼镜店仿佛应了它的名——"源远流长，百年昌盛"。那么，它这150多年的发展之路，是如何走过的呢？

一、源自专业

清咸丰年间，在杭州太平坊有詹志飞开设的詹源昌号，经营玉器和眼镜。后因玉器生意日渐萧条，詹志飞无力维持，詹源昌号濒临破产。其时，有个绍兴人毛四发，靠托盘提篮，沿街设摊做眼镜生意，积累起一定的资产。他得知詹志飞的处境后，就把詹源昌号盘了过来。在决定商号名称时，"源昌"两字为毛四发所赏识，于是只改了一个姓氏，易"詹"为"毛"，挂出了"毛源昌号"的招牌。

毛源昌眼镜号为合伙企业，前店后场。初始，仍以玉器、眼镜两者兼营，后来则专营眼镜。店务委托他人管理，店内设经理，经理以下为技师和店员，并招雇学徒。

毛源昌号的第二代毛守安去世后，店铺事务便由其学生赵光源、顾叔明等协助其子毛蓉莆管理。其经营方式灵活多样，除在店中接待顾客外，还叫店员提篮托盘上街叫卖，或赴考场兜售，及至送货上门，服务十分周到细致，因此声誉日隆，盈利可观。

当时眼镜尚属珍贵之物，只是一些官宦、盐商和墨客等用来装饰、养目之用，市场十分狭小。眼镜品种也比较少，只有铜边眼镜、茶晶眼镜和水晶眼镜。随着时代的发展，眼镜渐趋大众化，不再是少数文人墨客的点缀品。毛源昌为了适应市场的需求，增加眼镜品种，除生产传统的铜边、水晶、茶晶眼镜外，还生产科学眼镜，即用玳瑁镜框装配的平光、散光和近光眼镜（即今平光、老花和近视眼镜）。凭着丰富的眼镜品种和精湛的眼镜制造技术，毛源昌在杭城好评如潮。

1927年，毛蓉莆之子毛鉴永至上海兴华眼镜公司学业，三年后回杭掌管企业，年19岁。他年轻气盛，大胆革新，几年间进行了一系列改革。一是改革祖辈历来聘请代理人管店的做法，将店铺的财务权、人事权和经营管理权全部归为自己管理，确保祖业在自己手中传承。二是改变手工作坊形式，购置一些先进的设备。当时近视的人大量增多，近视眼镜的需求大增，而原先落后的手工操作方法效率低，精细度也不如机器，早已跟不上社会需求发展速度。于是毛源昌在美国AOC厂订购验光仪一台以及磨光设备一套，从此结束了商铺使用脚踏木制砂轮磨镜的时代。三是确保眼镜质量，改善服务质量，做到良心经营、童叟无欺。为了维护商号的信誉，毛源昌的每一个镜片都刻有暗号，以作识别。凡店中卖出的眼镜，如遇顾客提出不适，只要不是人为的损坏，一概负责调换修理，服务十分周到，有口皆碑。四是加强宣传，如在《东南日报》《浙江工商报》《浙江工商年鉴》上刊登广告："别家没有的眼镜我有，别家没有的设备我备"，"光线绝对正确，式样自然美观"，"毛源昌验光最准，毛源昌货色最好，毛源昌价格最便宜，毛源昌交货最及时"。因此老少皆知，远近闻名。五是开展批发业务，多渠道拓宽眼镜销售市场。毛源昌与各地较小的兼营眼镜的商店建立批零关系，还拥有一批托盘设摊的小贩，在每年的春、秋两季营业最为兴旺。

毛鉴永实行的这一系列的改革，使毛源昌在激烈的竞争中逐渐登上同行之首，甚至一度成为杭州眼镜业的领头人。在20世纪30年代初期，它的资产已占当时杭城所有各家眼镜店号资产总额的44%。

然而好景不长，日本发动侵华战争，杭州城沦陷，陷入一片战火喧嚣之中。受到战争波及，毛鉴永将眼镜店迁往金华。当时店内仅有职工8人，木制脚踏砂轮1台，经营验光配镜。之后的几年，情况一直得不到好转，日寇已从杭州流窜到金华等地，于是毛源昌只得再次易地，辗转于松溪、浦城、等地，最后在龙泉立足。那时国内到处都不太平，人民生活艰难，店铺也只能惨淡经营，每新到一处，经营便艰苦一分。毛源昌每日只有微薄的收入，困难时甚至分文不进，店员不断减少，店铺一度濒临倒闭。

终于，抗日战争胜利，社会逐渐安定下来，毛源昌便重新迁回杭州。毛鉴永筹集资本，装修门面，添置设备，招收人手，又加强宣传，重新树立商品形象。当时店内计有磨片车4台、割边机1台；还设立验光室，专为老花、近视的购镜者验光，以求光度准确。重新振作起来的毛源昌号，在备货、设备、售价、工艺乃至服务等各方面都具备相当强的实力，为杭城眼镜业（当时有4家：毛源昌、明远、可明、晶益）之首。

1956年，毛源昌号实行公私合营，同年，毛源昌和明远、可明、晶益眼镜店合并，改名为杭州毛源昌眼镜厂，仍设在中山中路毛源昌眼镜号原址。这几年，毛源昌经历了一场改名的小风波，短短两年间，就改了三次名。直到1984年，杭州市人民政府决定恢复老字号毛源昌眼镜厂，商铺才重新拾回老名号——毛源昌。

毛源昌作为被国家商业部首批认定、浙江省唯一的眼镜行业老字号，在计划经济时代，一直过着一家独大的日子。然而市场风云突变，随着民营眼镜零售店的遍地开花、迅速崛起，毛源昌的发展又受到了一次冲击。虽然做好了竞争的准备，也具备参与竞争的能力，但真正与对手交锋时却似乎只有招架之功，毫无还击之力，毛源昌的龙头地位一下子岌岌可危。

不利的格局激发了毛源昌人求变的勇气，决策层开始直面残酷的现实，认真分析杭州眼镜零售业的竞争态势，最终找到了应对的措施——稳固杭州市场，吸纳浙江全省加盟伙伴。毛源昌对自身的资源与优势重新进行梳理和评估。首先，确定了自身在专业技术方面有深厚的底蕴和较强的实力，如有杭州为数不多的高级光技师，高级验光师团队就有20多人；其次，拥有百年老字号的品牌效应，自然有无数企业愿意与其加盟合作。在收获许多商业伙伴后，毛源昌的竞争力一下得到较大提升。

与此同时，毛源昌为了充分展现核心竞争力，扬长避短，对公司资源行了重新配置，重新规划了企业所面向的客户群体——利用老字号的口碑，重点锁定中老年客户群体，暂时放弃忠诚度较低的年轻时尚群体。重新调配后，毛源昌的技术能力迈上一个新台阶，同时还给加盟商提供了强有力的支持。经过3年的拼搏，毛源昌的命运格局终于有所改观。

对集技术、经营、管理、服务于一体的现代眼镜零售企业来说，技术的优势不代表全部。有着清晰的头脑，能够清晰地认知自我并判断市场，懂得审时度势，才是老字号发展的重点。曾经鹤立鸡群的毛源昌，面对越来越激烈的市场竞争，整体经营仍不温不火，波澜不惊，仍稳稳占据了杭城眼镜零售市场的一席之地。

二、昌于诚心

2011年12月，为继承和弘扬老字号的优秀文化，提升老字号核心品牌价值，增强毛源昌老字号的竞争力，杭州市政府国资委同意毛源昌整体改制，公开挂牌转让以引进法人战略投资者，这一年是百年毛源昌发展史上的一个重要里程碑。

3家企业竞价，11次网络报价，毛源昌75%的股权最终以7900万元的价格被浙江商人金增敏揽入怀中。2012年5月，金增敏全面接手毛源昌，标志着一度步履艰难的毛源昌走上了改制的新征途，进入规模经营、重塑品牌的全新阶段。

金增敏入主毛源昌后，不断地权衡：对于这家有着百年文化历史的老字号，在破、立之间，该延续什么，该放弃什么？经过一年半的重新规划，毛源昌在引进高端人才、调整产品结构、提升服务理念、加强连锁管理、深化企业内部管理

老字号毛源昌

毛源昌眼镜

毛源昌眼镜展品

以及改变分配模式等方面做了大量工作，使毛源昌焕发出老当益壮的风采。

在稳定中老年客户群体的基础上，毛源昌还对产品结构进行了调整，将目光坚定地投向了潮流消费群体——"80后""90后"，为他们提供更加时尚的眼镜款式，而且产品的更新频次也在加快。店堂的重新装修，购物环境的改善，众多品牌的引进，服务品质的提升，让上毛源昌的顾客群体不再以祖辈和父辈为主，而是更多地面对不同年龄层的消费者。源源进店的年轻消费群体也倒逼着毛源昌内部细化管理水平的提升，打破"大锅饭"分配制度，激发了员工的工作热情，使团队合力得以最大限度得以体现，员工的精神面貌和专业素质有了质的变化。同时，针对公司管理层年龄老化的问题，毛源昌及时制订了人才引进计划，引进了视光学、市场营销、计算机等专业人才，确保企业持续发展；还改革公司内部机制，调整部门职责分工，建立了目标考核责任制，设立相关量化指标考核。

品质、服务、诚信是老字号的三大法宝，这些特质叠加产生的文化效应，依然拨动着顾客的心弦。因此，易主后的毛源昌，仍然坚持以"百年精湛技术、优良商业信用"为经营基础，以"认真做眼镜、品质毛源昌"为经营宗旨，不断完善"真心、真价、真服务"的经营理念，始终为顾客提供四大保证。一是品质保证，只要在毛源昌配的镜，在正常使用的情况下，半年之内如果有发生任何可归责于商品本身的结构、制作或材质不良的情况，将无条件免费换同等价值的商品。二是技术保证，在毛源昌验光配镜一个月内，如果感到光度有任何不适，可随时到毛源昌任何一家店面免费复验，必要时免费更换同等价值、同等品质的产品。三是价格保证，在毛源昌购买的任何一件产品均从正规生产厂商直接购入，采购成本低，价格公道。四是满意保证，在毛源昌配的镜架，一周内若顾客对款式有任何不满意，可免费更换同等价值的产品。凭专业、诚信、品质以及规模经营的优势，为消费者提供免费清洗镜架、免费镜架整形、免费调换小零件、免费验光、免费眼部检查、免费修理等贴心服务。

纵观毛源昌的发展历史，不难发现其有着独特的专业技术以及严谨的质量控制体系。在百年基业和今后的发展道路上，这些属于毛源昌的特色会形成一种其他企业很难企及的坚守的力量，这也是毛源昌深受顾客肯定的重要因素之一。

"酒香也怕巷子深"，虽然毛源昌品牌响亮，但是许多闪光点却没有发扬光大。要让毛源昌的声名响彻四方，突出毛源昌的专业技术优势是宣传品牌的最好途径。于是，毛源昌开始在全省乃至全国种验配技能大赛中频频亮相，凭借过硬的专业技术屡屡斩获佳绩。如2012年获全国首届验光配镜技能大赛·浙江赛区团体第一名，并代表浙江省参加了全国总决赛；又在2013年杭州市眼镜验光员职业技能竞赛中，有9人进入决赛，7人被授予"杭州市医药行业（眼镜）十佳技术能手"称号，个人第一、第二名均由该公司员工斩获。

一位老太太在《杭州日报》上看到关于杭州市劳动模范、毛源昌高级验光师高晓东的一篇报道后，拿着报纸到毛源昌，指定要高晓东验光。有一年，一位银川的顾客经人介绍来到毛源昌配镜店，以前配的几副眼镜，他戴着都非常不舒服，恰好是高晓东接待了他。之后，高晓东发现这位顾客是高度斜视患者，她根据验光结果反复调整配镜数据，最后配出的眼镜让顾客非常满意。过了一年，这位客人又"打飞的"专程从银川到杭州毛源昌配眼镜。这样的事例在毛源昌不计其数。在专业技术创新的同时，毛源昌仍然保留了同样也有一百多年历史的检影验光技术，因为检影验光对验光师有着更高的要求，只有经长期训练、验光经验丰富的验光师才能掌握检影验光的真谛，这无疑也为毛源昌的专业技术加分不少。

从1996年开始，毛源昌利用自身的技术优势、人才优势和品牌优势，拓展连锁经营和加盟，营业网点遍及浙江全省。毛源昌的品牌效应得到了充分体现。虽然毛源昌总部没有突飞猛进的发展，但旗下加盟店却凭借"毛源昌"这个响亮的品牌使生意十分兴隆。

随着毛源昌获得新生，加盟商

毛源昌科学眼镜号

看到并感受到了总部通过资源整合他们带来的综合服务，如组织专业技术人员对加盟店的设备进行不定期的检查和维护，以确保品质；建立健全了培训制度，对加盟商进行经营管理和专业技术方面的培训；建立了信息互通资源共享的管理网络和物流配送系统，优化了产品的销售渠道，大大提升了产品的竞争力；增强了产品的盈利模式……总之，毛源昌总部这颗"心脏"一扫过去的死气沉沉，有力地跳动着，将新鲜血液源源不断地输送给加盟商，使他们能健康茁壮地成长，这一系列的变化让加盟商像迷途的孩子又找到了家，更坚定了与毛源昌共同成长的信心和决心。

人来人往的杭州街头商铺林立，在林林总总的商铺中，你会发现特别的一家，似乎沉淀着历史，似乎凝结着时代，古朴大气的牌额上黑底黄字写着——"毛源昌眼镜"。这是一家经历过百年浮沉的"中华老字号"，在无数个冬去春来中，几番易主，改革创新，却仍初心不改，以诚营业，以信待人。在未来的发展中，毛源昌或许还会经历许多波浪，但只要它还能坚守初心，并顺应时代改革的发展，必能业如其名——"源百年，昌百年"。

边福茂：一足沧桑一足荣

布鞋，伴随中华炎黄子孙踏过了上千年的历史征途。据考证，山西侯马出土的西周武士跪像，脚下穿着的手工纳底布鞋，便是目前发现的最早的手工布鞋。而三千年的大浪淘沙，依旧没有磨去布鞋的强大生命力，直至今日，布鞋仍为人们所使用。

在明清两代，布鞋根据不同的做工和样式，分成了京派、海派、闽派、粤派和杭派等10个派别。而杭派最有名的布鞋店便数边福茂鞋店。边福茂布鞋的名号究竟响到何种程度，仅看一句民间俗语便可略知一二——"头顶天，脚踏边"。这里的"天"指的是专产帽子的商号"天章"，而"边"指的便是"边福茂"。这句俗语

《西湖清趣图》中的繁华

流传于杭城的街坊邻间，足见边福茂布鞋在杭州的影响之大。

旧时的杭城，商贾云集、商贸发达，鞋业是杭州的一大产业。民国元年时杭州的鞋店只有16家，到1931年便增至292家，短短20年间就增长了17倍之多。当时杭城鞋业资本总额达18.4万元，从业人员1259人，营业总额139.4万元。杭州鞋业出售的鞋种类繁多，主要有皮鞋、布鞋、钉鞋、胶底鞋、套鞋等5种。根据1937年的注册记录，杭州城内规模较大的鞋店约有140多家，其中生产皮鞋的有59家，以太昶、升昶、久大等较为出名，它们均开设在太平坊一带。其中太昶不仅做门市，还包做军队的生意，因而致富。生产钉鞋的10家，生产胶底鞋的有1家。布鞋生产占了大头，共有72家。边福茂作为布鞋生产的一员，从一只刚出生的雏鹰，逐渐成长为力量强大的雄鹰。它跨越了两个世纪，创造过辉煌，跌落过深渊，最终以沉稳、谦逊的身姿，扎根于杭州城，成为闻名于杭州河道沿岸的百年老字号。

一、斧斩布鞋

1845年春的一个晚上，沉睡的杭州城还笼罩在夜色之中。一只小船破开夜幕，顺着留有残雪的钱塘江水，在阵阵涟漪中划进自古繁华的江南古都。船头立着一位青年，他腰杆笔直，披着一身寒意，痴痴地望着眼前参差的十万人家，心中思绪万千。

这位年轻人名叫边春豪，生于浙江诸暨。他自幼聪慧能干，年纪轻轻便练得一手高超的制鞋工艺。不过这身本领在诸暨乡里却无从施展，因为那里的制鞋生意一直清淡无比。他听闻杭城商铺林立、百姓富足，乃繁华之都，于是决定背井离乡，打拼出自己的一片天地。于是旧历新年刚过，边春豪就告别亲友，只身一人来到杭州，落户在长庆街五老巷的一家茶馆里，在店门口摆摊，从小本生意做起。

边春豪为人憨厚老实，做鞋一丝不苟。在做鞋过程中，他先是量好鞋子尺寸，再按照尺寸裁出相应大小的新布，填好底后再用上过蜡的苎麻线纳底，一针一线，结实整齐，从而制作出高质量的布鞋。鞋帮用缎子或是一种叫作"直贡呢"的棉布做成，既好看又耐穿。边春豪还托人写了块牌子"全新布底鞋"放在摊头。这种新布鞋，在用料、手法上都优于当时旧布纳底的鞋子，且外观挺括，鞋底平整，好穿耐磨。不过这样精细的做工，自然价钱也要贵一些，当时人们不懂得这鞋的妙处，因为很少购买。

边福茂布鞋

边春豪没料到自己的生意在杭城也没什么起色，因此一筹莫展。直到有一天，有几位来省城赶考的秀才看到摊头的招牌，不禁有些好奇，便问道："你这鞋自称是全新布做的，何以见得？"边春豪觉得秀才言之有理，立即拿了一双鞋向附近肉店走去，请卖肉的帮忙。只见卖肉的手起刀落，一只鞋子随即一分为二，露出一层层全新的布。众秀才及围着看热闹的人见状心悦诚服，当即有几位秀才各买了一双布鞋。尔后，"肉斧斩布鞋"的事

边福茂鞋店

就不胫而走，传遍杭城。边氏鞋摊从此声名鹊起，来买布鞋的人日渐增多。

这是边福茂百年征程的一个开始。之后边春豪的布鞋生意越做越好，几年之后有了些积蓄，便在盐桥附近购置了一块地皮盖房子开店，鞋摊变成鞋店，取名"边福茂鞋店"，并以"万年春"作标记，寓意边氏鞋店万古长青、永不凋谢。

二、良心经营

当年还名不见经传的边福茂布鞋，至清末民初已经羽翼渐丰，成为有一定资本实力的小企业。边福茂最初的创始人边春豪，年事已高，不再适合大量制作布鞋。其子边其昌，自幼随父习艺，善于理财，之后便子承父业，将边福茂这个商号延续了下去。

宣统三年（1911），边福茂商号迁店至太平坊闹市区，店面为双开间，门前额上塑以"万年青"商标，挂出招牌为"边福茂鞋庄"。店内采取典型的前店后坊式格局，店中有职工三四十人，还有外加工个体户。其时望江门一带的居民很多是做鞋帮的外加工，还专派收发人员负责管理，认真验收、一丝不苟。此后边福茂业务蒸蒸日上，每日门售可达100余双，又在温州设立代销店，远在黑龙江及内蒙古的鞋店也慕名到杭州批购。

都说"事在人为"，边福茂鞋店之所以能发迹，根源在于边氏家族的共同努力。在企业分工方面，边氏子女各司其职，团结协作，共同努力维护并发扬家族企业。店主边启昌掌握全权，财务由长子边宝生管理，学生边念六、边康生掌管发料、绱鞋、检验；边虎堂、王春源负责生产、经营。每一个人做好自己的本职工作，互相配合，将店铺经营得风生水起。

在企业信念方面，边福茂坚持选料认真、精工细作、货真价实，绝不以次充好，也不以廉价做广告。产品的质量是一个企业存活的根基，早年以精良制作闻名的边福茂，今日也依旧秉承初心。店主边启昌说："帮料要富庶，宁可少划（料）几双，不能影响质量、有损牌子。"他对产品的要求，精确到每一双鞋子，精细到每一道工程。对于绱鞋手艺，边启昌总结了"十字诀"："宽蹬一字平，穷鞋富后跟"，即绱鞋钳帮时，应按照鞋楦形状，做到脚尖部分宽紧平整，蹬部帮身略宽，腰部帮身紧凑，后跟部分帮身略为宽裕。这口诀是在不断实践、不断改进中总结出来的，依此法绱鞋必然舒适。因此，边福茂的老顾客都说，边福茂的鞋子穿破也不会走样。

　　除此之外，边福茂制鞋有"五讲究"：

　　一是鞋面选料讲究。鞋帮挺括、牢度好，料子以英货直贡呢、羊毛呢为主，还有国产贡缎、毛葛、纱等。由于边福茂经济实力强，外货面料可以整箱购进，不至脱销。

　　二是制帮讲究。有了好的面料，排料还须富庶，要留有余地，帮与帮的间隔不能排得太紧。

　　三是制底讲究。布鞋鞋底是边福茂制鞋的一大创新之处。鞋底用全新布制成，规定用16磅粗布填足18层。以斜角取料，牢度就高，底边不会起毛。鞋底切线最早是绍兴帮师傅手工扎的，底线圈数有严格规定。若切线的间隔大，鞋底不坚实，牢度就不够；而针脚间距过密容易破，过疏又不牢，底线过疏过密都不符合要求。

　　四是鞋底边缘讲究。烫粉上浆后，以一定热度的铬铁烫边缘，烫后不能有黄斑点出现。底皮有单、双两种，单底用进口花旗皮做；双底用国产牛皮两层，用麻线扎合制成，针距和圈数均有规定，针眼不能过大，须与磨线粗线相称，皮与皮的夹层中间衬上新布，外圈沿条，以增加鞋底牢度，并防止走路时发出声音。

　　五是品种讲究多样化。有棉、夹、单、呢、葛、纱、绣等几十种，而以贡缎双梁男鞋最负盛名，造型轻巧、帮面挺括。

　　在产品经营方面，边福茂认真对待每一位消费者，因需制鞋。且边福茂恪守信誉、服务到位，绝不辜负商号名声。当时的杭州流行穿缎帮及直贡呢鞋子，边福茂为了满足不同消费群体的需求，生产出三种不同样式的布鞋，分别为"浅元""新忍"和"歪忍"。"浅元"狭长、紧凑、挺拔，适宜青年人的足型；"新忍"专为中年人设计，脚板略阔，造型比"浅元"老成一些；"歪忍"足型阔式，舒适大方，经久耐穿，最受老年人喜欢。

　　不过这些布鞋，虽然样式好看，但受限于缎子的材质缺陷，鞋口容易开裂，纱鞋也有这种情况，裂缝总在鞋口中间部分，俗称"开天门"。为了防止缎帮鞋口子裂开，边福茂在鞋扣贴上小方形缎料加固，以横丝绺贴在鞋口里层两侧，然后"复脚"，用12磅新布上浆做里衬，最后用定织双线布做里子。所以边福茂的单鞋，实质上是由三层制成。并且店主边启昌还会亲自过问，严格检验，以目测鉴定"双正"，即"口门"、后跟夹缝线。如绱时鞋帮不正，绱的鞋不合规格又返修不好，造成次品，绱鞋工须要赔偿成本费，在计件工资中扣除。因此边福茂出产的缎帮鞋，鲜少有出现鞋扣开裂的情况。

　　即使鞋子已穿在顾客脚上，发生了"开天门"事故，边福茂也不会因为鞋子已经销售出去就置之不理。如确系质量问题，应换则换，应退则退，对顾客负责，对品牌负责。边福茂的男女缎鞋和皮鞋正是凭借着这样的良心工艺，在1929年西湖博览会上获优等奖。

在企业发展方面，边福茂眼界开阔、目光长远，不局限于单一的布鞋制作，而是遍地开花、扩大经营。1921年，边福茂在中山中路羊坝头开设分店，取名"达尔文皮鞋店"，营皮鞋业务；1932年，在上海山西路开设边福茂上海分店。边福茂不仅开拓出了不同鞋种的经营，甚至走出杭州城，将商铺开往外地，使边福茂的名声响遍全国。

随着资金越来越雄厚，边福茂商号也做出了更多的尝试。边氏家族从最初的小本生意做起，以质量起家，在经济上有了实力后曾陆续买进大批房产，在中山中路、清河坊、太平坊、延龄路、庆春路等处都有其店屋。抗战前租金收入每月可达2000银元左右。再以每月租金收入充实店中资金，周而复始，实力相当雄厚，成为杭州既有名气又有实力的一家商店。银钱业及大小同行都希望与之打交道。

三、波澜骤起

一路乘风破浪、平稳向前的边福茂，在抗日战争爆发后，首次陷入了困境。在战火硝烟中，杭州城沦陷，边福茂不得不将业务重心转移至上海分店。上海分店财权由边宝生执掌，杭州的店务也由他负责。1938年，边宝生在上海因病去世，杭州边福茂由王春源代理，兼管房地产经租事宜。

抗日战争胜利后，国内百废待兴，边福茂商号决心抓住这个机会重整旗鼓，争夺回曾经驰骋的杭州市场。它在延龄路开设万善皮鞋店，商品由上海装运至杭州，注册商标为"帆船"，取前途一帆风顺之意。但事与愿违，上海制的成品装箱运杭，加上运输成本，价格就比杭州本地高了许多，况且皮鞋款式又太"洋"，不合杭州顾客口味。再者新设的"万善"招牌，少了"边福茂"的名气加持，也就少了许多老顾客的支持，因此许多生意都流入香港皮鞋店，营业不理想，导致大量亏本。而店面又需要支付大量租金，这无疑是雪上加霜。

为了资金周转，边福茂商号曾投资绸厂，但由于战火刚熄，国内市场一片混乱，物价动荡，造成卖出补不进、不卖又无法还债的尴尬局面。丝绸厂的路走不通，边福茂又花巨款购进风景区地皮，想作为生意谈判筹码使用，却因政局不稳，人心动荡，地皮无人问津，更造成大量资金呆滞，周转不灵。这时边福茂已处于四面楚歌的困境，一筹莫展。最后，迫不得已决定关闭万善皮鞋店，沪杭两店暂停营业，宣告清理账目，并与金融业磋商，采取停利拨本办法清偿债务。直至半年后，边福茂才重新开业，但已元气大伤，只能紧缩范围，惨淡经营。

中华人民共和国成立初期，边福茂仍处在困境中。太平坊原店由于屋太大、地段差、商品少，生意清淡，于是在1951年迁移到中山中路羊坝头营业。当时尚有职工王春源、陈嘉贤等16人，因不能维持薪资，只得通过劳资协商遣散半数人员以渡过难关。

四、数易其址

新中国成立以后,我国进入了快速发展的时期,人民生活摆脱了动荡不安的困局,对于消费不仅追求实用价值,还注重美观和时髦。于是各式商品、新巧之物层出不穷;相应的,鞋类的更替也十分迅速。

20世纪60年代的中国,刮起了一阵"解放鞋"的风潮。当时国内购买服饰、棉布以及一些日用纺织品都是凭借布票换取。因布票是统一发放,数额有限,因此人们将节约、耐用作为挑选的主要标准。解放胶鞋一方面颜色耐脏,布料结实,一方面又是军人解放军的象征,因此成了人人追捧的街头最主要的流行元素。在60年代末70年代初,解放胶鞋的余热未消,一股新的时髦风尚又悄悄在年轻人群体中扩散开来,那便是力士白鞋和回力运动鞋。这两大品牌作为新起之秀,凭着清新、俏丽的外观,一举攻下了许多年轻女士的芳心。同样在女性群体中受欢迎的还有丁字鞋,即采用丁字塔口的女式皮鞋。但70年代流行的丁字鞋是简化后的版本,少了"丁"的一竖,只用简单的横向扣。这种皮鞋穿着方便,简约中却透露出女士的优雅与风情,因此也格外受女性追捧。到了80年代,三节头皮鞋脱颖而出。这种鞋采用橡胶纳底,鞋面用三截皮缝制,故而得名。三节头曾是为中国人民解放军军官、士官所配发的制式皮鞋。有段时间,中国军队只有一定级别的军官才配发皮鞋,是军官皮鞋的经典款式。在以前的年代,如果老百姓有一双"三节头",那么就相当于现在的人穿意大利名牌皮鞋一样荣耀。90年代,"波鞋"风潮随着香港文化的强势袭来,"波鞋"得名于英语运动鞋sport的谐音。当时"波鞋"作为指代运动鞋的新名词,成为热门。可见在这30年中,各式各样的鞋在市场中不断涌现,传统的布鞋样式呆板单一,比不上琳琅满目的新鲜鞋样,于是市场越来越小,主营布鞋的边福茂本就因为战火元气大伤,如今更是面临着重重危机。

1991年,有着一手高超制鞋技艺的当家人傅建强接手边福茂,怀着满腔热血,决心重振当年雄风。他挑了个好日子开张店铺,但之后店内的生意却远不如开张那日红火。中国改革开放的春风,将皮鞋、胶鞋、运动鞋等新式鞋款吹进了城市的每一个角落，布鞋自古以来的正统地位早已不复存在。曾经的王者如今已退居二线，这让傅建强有些不知所措。本来靠着老字号的名声，以及布鞋舒适、便捷的特点，店内的生意倒也还能过得去。只是由于各种原因，边福茂自重新开业便一直在搬迁，无法安定的店址，使这个肩扛百年风霜的老店难以再站稳脚跟。

傅建强接手边福茂时，店铺才刚迁到新址平海路100号，位于西湖电影院对面。傅建强回忆道："当时搬过去后，明显感到顾客少了许多。"许多老字号，之所以能屹立百年而不倒，一大原因便是累积起了很高的声望和一大批忠实的老客户，更主要的是扎根在一片土地上，成就一方归属感。店铺的所在地犹如老字号的根，在此处立足，便在此处生长。"水有源，故其流不穷；木有根，故其生不穷。"搬迁店面无疑是让商号脱离根本，重新打拼一次。然百年大业从头来过谈何容易？傅建强为了撑起边福茂这块金字老招牌，费尽了心思。他一边不断改进布鞋款式，迎合新客户群的需求；一边联络曾经的老客户，靠着曾经的情怀，唤回了不少顾客。

然而由于道路整治和政府项目开发，刚刚有了起色的边福茂又不得不再次搬迁。1994年，这名历经风霜的老者来到了庆春路209号，5年后，又转去中山中路302号。到了2001年，边福茂几经周折，再次回到了中山中路110号。而只过了7年，又再次搬迁，落户中山中路338号。边福茂仿佛一个漂泊不定的游子，流浪于杭城各处，却找不到地方落脚。回忆起搬迁的日子，当家的傅建强颇感凄凉："许多老顾客现在还不知道'边福茂'换了地方，店门口又在挖路，车子开不进来，走路也不是很方便，生意可想而知。"店里的老营业员也说："搬过来一个星期，最多一天也只能卖出10双布鞋，少的时候只有两三双，在店里干了20多年，如此冷清的生意还是第一次碰上。"

五、活的记忆

　　几经波折，数次迁址，店铺的生意一直不见起色，傅建强整日愁苦满面，但他并没有失去信心。他说："中山中路上是老字号一条街，'边福茂'附近有许多老店，有摇毛线的，卖老年服装的，为鞋庄的发展创造了良好的商业氛围。要保持老字号的永久魅力，合适的土壤必不可少，没有了这些，老字号就只能剩下光秃秃的一块招牌，没有了生命力。"他坚信，只要回到了中山中路，边福茂便是回到了故土，找着了根，终有一日会峰回路转再一春。

　　果然，在中山中路落户一段时间后，边福茂渐渐找回了昔日的感觉，店里的生意慢慢红火起来，有时一天能卖出200双布鞋。边福茂布鞋在许多老杭州的心中，有着浓浓的亲切感和归属感，旧日的记忆成了挽救边福茂的第一根稻草。

　　如今的杭州，商业贸易更为发达，街头流行元素更迭变换，顾客的喜好更是日新月异。传统的布鞋在许多人眼中，早已成了怀旧的对象，而非生活的首选。不过，能经历上千年惊涛骇浪的传统工艺，必定有着一套专属的生存法则。布鞋虽然外观朴素，不太受新一代人的青睐，但它舒适耐穿、物美价廉，仍旧是许多中老年人的心头好。"百家齐放，百家争鸣"，当今足履领域，中外鞋款齐聚一堂，布鞋以稳健、古老的身姿为鞋业画上不朽的一笔。而老字号边福茂，为传统布鞋提供了传承的土壤，它一方面继承传统，保留了由古至今的民间风味和传统意境；另一方面，扩大了经营规模和品种，主打布鞋，辅销皮鞋、旅游鞋、休闲鞋等，紧跟时代潮流，成为新世纪活着的历史记忆。

　　"中山路要打造中国城市生活品质第一街，作为商户，我们很支持。""边福茂会重新焕发生机。"傅建强手中是一双布鞋，眼底是无限希冀。

张允升：杭城百年百货号

　　张允升商号是杭州最早开设的百货商店，至今已有百余年历史。中山中路70号（老门牌110号）是张允升百货号旧址。这是一座洋溢着西洋风格的三开间小洋楼，坐落于杭州上城区河坊街四拐角，始建于1926年，建筑面积为655.4平方米。当初，张允升的老板为了使自己的商店更为壮观、气派，特意将这座楼宇设计成假四层建筑，实际是一座三层的楼房。20世纪30年代中期，张允升百货号曾是杭州最大的百货商店，拥有职工50多名，年营业额高达70多万银元；如今，在这座老楼中经营的，则是来自大洋彼岸的洋品牌——"麦当劳"。

四拐角街景

一、易主的商号

　　最初的张允升商号还只做着小本生意，专门经营丝线。在充满诗情画意的江南，土生土长的杭城人最爱的还是绸缎制的衣裳，因此在缝制服装时，丝线的用量格外大。那时的中国还未曾引入机制"洋线团"，寻常百姓家所使用的线，不是手工打的丝线，就是手摇的棉线。由于丝线的需求量特别大，杭州城内冒出了许多家丝线店。在众多商铺中，张允升商号凭着绝妙的做工和甚高的口碑脱颖而出，成为丝线店中的佼佼者，清朝同治年间出版的《杭俗遗风》就将其列为"杭

张允升号

州线店之首"。

1923年，位于清河坊大街旁的张允升线店悄悄地易了主，原主龚张氏将商铺卖给了绍兴籍商人孙仲舒等人。老店迎来了新主人，按理说店名也应当更换，但最终还是以原名"张允升"继续开张下去了。原来当初孙仲舒等人买下商铺后，是有打算易名的，但他们商议的"公和轩德记"没能得到杭州市民政部门审批通过。于是他们商议再三，一方面为了省去麻烦，一方面"张允升"商号已经积攒了一定的名气，于是最终敲定不更店名。

易主后的张允升商号依旧做着丝线的买卖，且广受美誉。与传统老字号商铺的格局有所不同，张允升商号是一座有着石库墙门的中式双层楼房，上厂下店，自产自销。由于用料上乘、技艺精巧，张允升商号一直口评甚佳，整个杭城的裁缝、妇人都喜欢到这里来购买丝线。除了杭城的生意，张允升商号还十分看重周边市场，注重发展批发业务，将丝线远销到长兴、安吉、德清、泗安等地。在开拓市场成功之后，张允升商号的丝线连绵到更远的省份，乃至海外，例如马来西亚、新加坡等华人较为集中的国家。不过，丝线对海外华人来说，倒不是缝制衣裳的辅料，而是作为串联佛珠的绳索等。

二、扩张中的商号

张允升店里的生意愈渐红火，主人孙仲舒等人便寻思着拓展经营品种，于是张允升商号迎来了第二大特色商品——帽子，由此店名也改称为"张允升线帽百货庄"。张允升的制帽工厂生产的帽子品种丰富，有男式的西瓜皮帽子、女式的乌绒包帽和满头套帽。优良的做工、高等的质量、时尚的外观，诸多优点使张允升的帽子大受市民追捧。丁立诚《武林市肆吟》中就有咏张允升女帽的诗："抹额珠明垂一颗，包头纱绉裹三重。何如时式昭君套，可是当年出塞容。"

此外，张允升商号还顺应时节，推出不同款式的帽种：艳阳高照的夏季有大边遮阳草帽、金丝草帽和拿破仑软木帽；湿冷萧瑟的冬季，则出售土耳其皮帽、绒线女帽和水貂皮帽等，一年四季还会有各式各样的儿童帽款，所以全年都不愁销售，店铺销路一直畅通。

张允升珊瑚顶瓜皮帽

经营内容愈来愈丰富的张允升，名声也愈发响亮起来了。商铺所在的清河坊，比邻南宋御街，一直是杭州最为繁华、热闹的地段。当时的杭州人最爱逛的商店就是张允升，现在看来，那时的张允升就好比现在的银泰城，不光生意做得风生水起，还引领着杭州男女老少的时尚潮流，店里设计的男式西瓜帽和女式乌绒帽都曾风靡全杭州城。

不断扩张中的张允升商号，单纯的丝线、帽子经营已经无法承载起其热度。为了实现更宏大的发展，孙仲舒等人决定彻底改造张允升，他们将原先的中式二层楼统统拆除，在原址上建起了一座三层楼的西式洋房。店铺面积一经扩大，孙仲舒等人便放开手脚，大胆地经营起了各类百货，从此，张允升商号又摇身一变，升级成了一家百货商店，店名也易为"张允升百货号"。

张允升百货店原址

　　百货商店开成后，张允升商号又寻来了诸多合作伙伴，如上海家庭工业社、天津东亚毛纺厂等，与他们签订合作协议，帮忙代销。当时在浙江省内销售的各种上海、天津的名牌产品，也都售于张允升商号。而后羽翼丰硬的张允升商号在上海设立了专门的采购机构，直接在上海采办货源至杭州销售。

　　为此，孙仲舒开始常驻上海，身为商铺负责人的他，身兼数职，既要负责杭州张允升本店的各种事宜，又要照管上海各分支的事务。不过一分耕耘一分收获，作为孙仲舒呕心沥血的回报，张允升百货的经营进入了鼎盛时期，全年营业额高达70多万银元，成为当时杭城规模最大的百货商店。

三、硝烟中的沉浮

抗日战争爆发，日机不时空袭杭州，城站、萧山等地遭到疯狂轰炸，杭城居民纷纷逃难，各类商店都南迁至诸暨、兰溪、金华等地。张允升商号也奉孙仲舒之命，将绝大部分商品用人力车拉至西兴，再用船运往孙仲舒的家乡——绍兴阳加龙。

不久，杭州沦陷。大约过了半年多时间，一部分张允升职工，在征得孙仲舒的同意后，借用张允升的一小部分商品，在绍兴华舍镇开设了张允升临时营业处。当时的华舍镇虽有"小上海"之称，但毕竟只是一个小镇，所以营业不振。于是店主孙仲舒要求有关人员在绍兴城里寻找营业店房。先在绍兴城内水澄桥边天成绸庄原址开张营业，后因该处房屋遭到敌机轰炸烧毁，又迁到陶泰生布店原址营业。迁到绍兴后，线、帽两个工场已停止生产，零售的线帽均系杭州搬去的；由于当时绍兴尚未沦陷，重庆方面需要大量物资，因此其百货从绍兴到金华，再从金华运往重庆。而张允升从上海采购到的商品，从上海运往宁波，再雇船从宁波运回绍兴。张允升商号由于在上海设有申庄的有利条件，因此对上海的价格涨跌时有电报往来，这样绍兴的百货市场基本上掌握在张允升商号手里。可惜好景不长，不到两年绍兴也沦陷了。

另一方面，杭州张允升商号也恢复了营业。开始时，只有一两人将尚未运走的一些剩余物品设摊营业。后来由于城市人口渐多，一部分逃难人员也纷纷回杭，商店大部分恢复营业，张允升商号正式扩大了营业，制线、制帽两个工场也相继恢复生产，直至抗战胜利。

抗战胜利后，张允升商号由一家店分为杭、绍两家店。由于店主孙仲舒病逝，绍兴张允升由其次子孙天声负责管理，杭州张允升由其长子孙洁如负责经营。中华人民共和国成立后，绍兴张允升并入绍兴源头恒百货店，杭州张允升由于经营不善，在20世纪50年代初走上了公私合营的道路。而后在十年"文化大革命"艰难探索时期中，张允升百货号被改名为"新胜百货店"。张允升店名直到"文化大革命"结束后才得以恢复。

　　经历了众多打击后，杭州张允升商号发展后劲不足，一度从人们的视野中消失。后来重新复出的它，已是大不如前。一方面杭州的商业中心已经转移，张允升原先所处地段的商业气息消散殆尽；另一方面，随着时代发展，日新月异，传统百货商店已被时间洪流吞没了半身，所以这样重新振作的老字号，依旧面临重重困境。

四、新世纪的张允升

2013年，张允升商号"复出"了。

"我们的选址很讲究，依然选在了中山中路。"张允升的当代负责人汪起瑞坚信，老的品牌在历史街区才更有生命力，离开了中山路这条老街，张允升不一定能再次站起来，"就像景阳观酱菜店，从中山路搬到了解放路上，生意就差了，现在搬回到中山路上，生意又好起来了。"

河坊街的旺盛人气、中山中路改造后的全新面貌，也给了汪起瑞无限憧憬。张允升百货商店总共为一层楼，500多平方米的营业空间。"张允升原来主要卖鞋帽，现在也是这样。"汪起瑞表示，老字号一个重要的特点，就是继承传统，但在继承传统的时候，也要注重传统与时尚的结合。

复出后的张允升商号引进了一些现在普通商场已经看不到的西瓜帽、礼帽、乌毡帽等；在鞋子方面，为了贴近年轻人，店里已经开始试销回力的鞋子，销售情况好得出乎他们的意料。"有很多大学生从下沙跑过来买回力鞋，因为穿这个鞋，脚不会臭。"而且，打听飞跃鞋的人也越来越多。汪起瑞说，飞跃鞋在国外卖得很俏，价格要几十欧元一双。"我们会把飞跃和回力的系列全都出齐了，有老年人，也有适合年轻人的。"汪起瑞如是说。

新世纪复出的张允升商号，没有了当时盛极一时的浮华傲气，在经过岁月沧桑的洗礼之后，沉淀出了稳重、踏实的气质，像一个真正的老者，又带着顽童般的心灵，在新世纪的闹市中，继承着怀旧，探索着新巧，稳扎稳打地向前迈进。

五、商号的秘诀

老字号成功的秘密说起来大家应该都能猜到一二，无非是选料讲究，制作精良，诚信经营云云。不过说来简单坚持却难，坚持百年更是不易。能够百年如一日坚守好品质，坚持高质量，正是张允升商号昌盛一时、稳妥一世的诀窍。

张允升自制丝线选制讲究，每到新丝上市季节，便派人到桐乡、长安、濮院等地采购制线原料。由于选料讲究、制作精细，张允升商号生产出来的丝线、绣花线都深得用户的喜爱。除在门市供应外，还批售于湖州地区，主要有德清、安吉（孝丰、递铺等镇）、长兴（泗安等镇）。张允升丝线还在西湖博览会上得到外宾和华侨的喜爱，并获得博览会的优等奖状，产品远销到中国香港、马来西亚、新加坡等地。外销的品种主要是绣花绒线的肥口丝线，因为上述地方都是华侨集中地，华侨中大部分人信佛教，他们喜欢用肥口丝串念佛珠。

张允升丝线的制作全部都是手工操作。丝原料进来后，先按照丝的质量分出制作品种，然后发给个体络丝户；络好后，再发给打线作坊；打好后，分别按照需要的颜色交给染坊；染好后交给自己所设工场的理线师父，通过理别，最后才完工。

门市除绣花线供应绣花妇女外，主要供应当时个体成衣铺中的裁缝师傅。他们往往拿着所做衣服的零布角料来店配丝线。为了做好这类生意，张允升商店特地备有竹制长旱烟管一支、火盘一只，先给这些裁缝师傅递上一管烟，免得他们等着心焦；然后营业员按照他们的需要，慢慢地一根根数给他们，直到完成这笔生意。

除丝线工场以外，张允升商号另有一个制帽工场，专制男式西瓜皮帽和女式乌绒包帽、满头套女帽等。做这一工作的工人，常年为2—3人，但每年中秋节后要临时增加3—4人。制帽工人都实行计件制，每到农历十月以后，这些制帽工人一般都主动地加夜班，到春节就回家，等到次年中秋节后再来工作。制作男式西瓜皮帽的主要原料是贡缎，产于南京；辅料则为红布、白布、蓝布。一个工人一般一天可制6顶。乌绒包帽用手工缝制，满头套女帽则用缝纫机制作。它们的主

〔宋〕苏汉臣《货郎图》

要原料为建绒、京绒、苏绒。除苏绒产于苏州外，京、建两绒都产于南京。张允升商号制作的丝线畅销于杭、嘉、湖一带；帽子则为金、衢、严的消费者所欢迎。

张允升帽子闻名于世的主要原因，是用料讲究、精工细作，还因帽的花式众多而为顾客所称道。夏有金丝草帽、拿破仑软木帽、大边遮阳草帽，冬有呢帽、土耳其紫羔皮帽、水貂皮帽、京建绒平顶帽、手工编织绒线女帽；还有女士们所喜爱的法兰西帽、压发帽等；儿童帽子款式就更多了，真所谓无帽不备，由此赢得了消费者的欢心。

当时百货商品主要来源于上海。因此，该店在上海山东路211号设有申庄，派有专人采购百货商品。除此之外，该店还与上海家庭工业社（无敌牌牙粉、无敌牌牙膏、无敌牌蝶霜、花露水）、上海英商锦华洋行（福桃牌木纱团）、天津东西毛绒纺织厂（抵羊牌毛线绒）实行厂店联合，作为全浙总经理处。在商店二楼设有专门办事处，并派专人负责市内各店及省内各地推销业务。为了招徕生意，商店每年都要举行一两次大减价，每次为期十天或半个月。在大减价期间，店主孙仲舒总要从上海返回杭州，观察在大减价期间的销售动态。商店在上海采购商品，都用银行或钱庄的本票付账，从来不用支票，以示"靠硬"。因此上海一般厂商都乐意和该店做生意，宁愿利薄一点，因为银行本票靠得住，不会"吃枉账"。

总之，张允升商号对待产品，一丝不苟，道道工序，环环制作，层层把关；对待顾客，童叟无欺，诚信、诚心待人；对待合作商，可靠负责，合作共赢；对待老字号品牌，牢记根本，秉承初心，砥砺前行。因此，百十年的光阴或有波澜，却绝对无法湮没张允升的传奇。

潘永泰：雪絮纷飞百年间

　　"蹦、蹦、蹦"，一声声浑厚、沉闷的响声，敲破了老河坊街午后的静谧。循着声响，漫步过青石板路的老街，在傍水而建、白墙黑瓦的林立商铺间，你会瞧见，一位老者和一位妇人。

　　老者和妇人摆弄着一台弹棉花机，雪白的棉胎柔和了日光，旧日的回忆宛若藏匿在纷飞的棉絮间，安逸祥和的氛围让人不禁失了神，驻足在老木门前。"蹦蹦"的闷声再次响起，将你从恍惚间唤醒。你抬头一看，一块大大的招牌置于门上——潘永泰。你不禁恍惚，这熟悉、亲切的岁月感究竟从何而来？

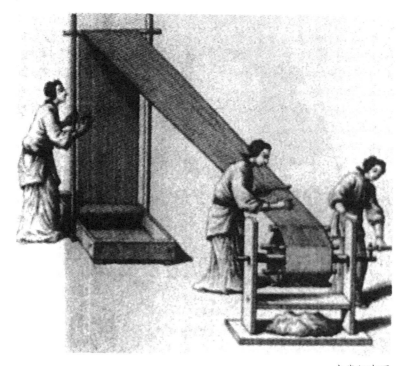

古代织布图

167

一、弹棉花圣手

清光绪二十四年（1898），历史回溯到一百多年前，这间名叫潘永泰的棉花作坊才刚刚生根发芽，怯生生地立足于古老的清河坊。将目光转到现在，曾经青涩的小作坊如今已是历经年岁的长者，坚守在这片土地上，成为杭城最后一间弹棉花作坊。

带着潘永泰初入世间、走南闯北的人名叫潘锦权。潘锦权系温州永嘉县昆阳人氏，当年他年轻气盛，孤身一人，只一弯弹弓、一张磨盘、一个弹花锤和一条牵纱篾，便行走于浙江、江苏、安徽三地。他走街串巷，遇到有弹棉花的活计，便卸下主人家的两扇门板，搭一架临时的弹床，即地弹棉。吃主人家的饭，收工后睡在弹床上过夜，不畏辛苦，一面累积经验，精进技术；一面积攒名气，开拓人脉。

1919年，潘锦权身后多了一位伴行之人，即其子潘统印。父子二人依旧做着不安定的生意，前后在太仓、宜兴、建德等多地落脚谋生。青年的潘统印决心要在杭城扎根，于是托温州同乡会中的人士帮忙介绍，终于在吴山脚下寻到一处落脚地，从此潘氏的加工棉胎生意便固定了下来。

潘氏凭借一手好技艺和实诚的做工，越来越受到客户的喜爱。潘永泰棉花不仅在杭州城内大受欢迎，甚至还销往湖州、余姚、嵊州、长兴等地，以及周边的各大省市。各地的百姓认准了"和合二仙潘永泰号"的印章，成为潘氏棉花作坊的忠实粉丝。当年杭州出产的棉胎声名在外，被誉为"杭胎"。而这质量上乘、为人称道的棉胎便是出于这帮永嘉人士之手。潘氏棉花作坊乃是同侪中的翘楚，在1929年首届西湖博览会上一举夺奖，潘永泰因而更加声名远播。

随着棉花生意越做越大，为了寻找更广阔的发展空间，迎合市场的需求，潘永泰决定搬迁店址，改到商业更为繁华的河坊街。当年南宋定都临安（今杭州），杭城上下呈现一片繁荣之势。其中河坊街乃南宋时期的御街，街坊两侧的商铺建筑无一不体现着"自古繁华"之态，至明清时期，这里也是最主要的商业街。到了近代，其繁华程度仍堪比上海城隍庙和南京夫子庙。如此一个风水宝地，成了富甲商贾们争相抢夺的对象。同样，温州的棉花郎也相中了这块商业之地，纷纷在此开办棉花作坊，直至20世纪中叶，在河坊街落户谋生的棉花商已有两百多户。

潘氏自然没有错过这股商业潮流，于20世纪40年代在温州同乡的帮助下，也在杭州河坊街找到了一处加工棉胎的固定落脚点。而这一落脚便是扎根，时至今日，这家棉花作坊仍立于河坊街而不倒，成为杭城棉花加工业界最风光的常青树。而几十年前在西博会上获得的奖品弹棉机，则成了祖上功勋的标志，被潘氏视作传家宝，一直使用至今。

到1956年，潘永泰棉花店迎来了它的第三代掌门人——潘文彪。他成长于弹棉花世家，耳濡目染，弹棉花机就好似他从小到大的玩伴。小小的潘文彪还未满周岁，就在父母的背上看着踩棉花的工作，在起起伏伏的动作和好似永远不会停歇的棉花机噪声中，沉沉睡去。到了学会走路时，潘文彪就敢大着胆子爬上弹花机的踏板，玩蹦蹦床似的让踏板上下起伏，在玩中学会了弹棉花的机理。及少年时期，潘文彪已学会了弹棉花的所有路数，甚至能在棉胎上做吉祥图案，不论是

南宋御街牌楼

连环、双喜还是花鸟、麒麟，全都不在话下，父亲和同行师傅都对他的天赋和技艺赞叹不已。待其到了当家的年纪，父亲便把店铺全权托付于他。

接手商铺后的潘文彪传承祖艺，恪守祖训，不断精进并发展棉胎手工制作技艺。潘永泰老字号的棉花弹制技术传承并发展了中国传统的制作工艺，乃纯手工弹制，有32道工序之多。弹棉过程中，运用花弓，按照"推、提、拉、压"四字工序，在对角间拉白色纱线一股，每股又有六至八根白色纱线，扎住对角相互吊住，对棉胎起定型、吊牢作用。然后用红、绿等彩色棉花，采用"撕、扯、捻"等手法，组合传统的吉祥图案在棉胎上写字绣花、画龙绘凤。经过这些古扎的制作工序，最终弹制出来的棉花才能"四边均匀，当中稍厚，尺寸准确，吊牢四角"。而潘氏恪守每一道程序，因而出产的棉胎，质量上乘，闻名遐迩，乃杭城业界中的翘楚。

正值壮年的潘永泰弹棉花店，闪耀着熊熊的生命之火，一度称霸杭城棉花加工业。潘永泰出产的棉花，不仅质量上乘，品种更是十分齐全，多至60余种，包括喜庆系列、精致系列、点缀系列、儿童系列等等，其中喜庆系列是历史最悠久且最受欢迎的产品，典型的有"双喜""麒麟送子"等，深受当地居民的喜爱和推崇。潘永泰的产品不仅销往全国各地，甚至还远销东南亚，在国外也享有一定的知名度。

二、转型的背后

  万事万物不可能永远一帆风顺，商铺亦是如此。进入新世纪的潘永泰，也开始面临一系列问题，店里也不复昔日的热闹，而是愈渐冷清。潘永泰如今的光景并非因为经营不善或是社会动荡，这个百年老字号逐渐隐退的背后，隐含的是意料之中的无可奈何。

  人类社会是不断发展进步的，时间的浪潮不断孕育出新的事物，而旧的事物总会在追波逐浪的征程中耗尽气力，淹没于潮汐之中。新世纪的中国，犹如一块肥沃之地，生出一片又一片强有力的新潮之物，这些伴随着时代诞生的新生儿，无疑更符合新时期的需求，也更受人们追捧。随着羽绒、轻棉等各式轻便、保暖的产品出现，棉花在老百姓心中的正统地位开始动摇。并且随着机械化的水平越来越高，对于人工的需求也不如以往，因此手工弹棉这样一种效率低、耗力大的技艺在如今看来倒不是格外必要。这种传统工艺，比起在市场上的实用价值，反倒是历史、文化的意味更甚。

  这样的时代背景，直接导致了潘永泰所面临的一大问题，即人手不足，学徒量少，传统技艺濒临失传。2010年，潘永泰的第三代传人已是古稀之年，如今的他已经没有气力再弹制大量的棉花，店里的学徒又相继离开，弹棉花的工作没有人做，只得暂停了加工服务。店铺的门边还张贴的一张告示，告示上写着："本作坊弘扬民族传统工艺，以展示为主，销售少量棉胎56，不做对外加工业务……"

  潘永泰不再接受棉花加工业务，这个事实令许多老杭州们感到沮丧。在这些老顾客心中，潘永泰棉花店，不仅是一家有着极高声望、深受杭城人民信赖的百年老字号，还象征着昔日的时光、旧时的回忆。

  如今，在繁华闹市中，潘永泰独守这一方清静。百岁高龄的潘永泰，始终保持着朴实、低调的模样，商铺不过17平方米，店内装潢极尽简朴，除了柜台，只一张平整、干净的模板床。而店铺的墙边角落以及墙壁的隔板间，却是堆放得满满当当，全是崭新、雪白的棉胎。店铺最靠里面的，便是那架标志着祖上荣耀的

潘永泰"中华老字号"招牌

木质弹棉机。

　　店里没有员工，只坐着商铺的第三代传人潘文彪。他穿着白色背心，眼中露出一丝无奈和一点释然。他坦言："我今年75岁了，老伴70岁了，做不动了，太辛苦。以前有个徒弟，后来可能因为娶不上媳妇，今年也不来了。其实工资也不低的，上半年2000元一个月，下半年2500一个月，再高也开不起了……我现在就是以展示为主，向国内外游客展示这门传统技艺，让他们都能了解。"

　　弹棉花这项工作不如想象的简单，它对制作人的体力和技巧都要求极高。暂且不论弹实的棉花，光是那弹棉花用的磨盘，就重达十多公斤。弹棉人要拿着这样沉甸甸的物什将大片蓬松的棉花压实，日复一日，长此以往，腰都会落下病根。这样的苦很多年轻人都吃不消，加上现在弹棉花也不是什么吃香的活计，所以潘家的学徒一个个相继离开。

　　对于学徒的离开，潘文彪两口子多少有些无奈。好徒弟本就难寻，如今能安心守着弹棉花这门手艺的人更是少之又少。不过，这门手艺倒不至于失传，潘文彪还有一个儿子潘肃剑，他将会继承这门手艺，成为潘氏的下一代掌门人。

　　潘肃剑不似前几代掌门人坚守着世代相传的祖业，他的主业是摄影，有着自己的追求。不过对于这家百龄的门店，他有着和前人一样的坚守。潘肃剑说："我爷爷的一生，爸爸的一生，都是在做这个。我要守住这家店，才能对得起上一辈。"代代传承的薪火不会在这一辈手中熄灭，潘肃剑在忙碌于摄影工作的同时，也始终把这家棉花店放在心上，思虑着如何将门店转型，或者说如何让门店经营更加跟得上时代，从而再焕发生命之光。

　　在2012年，潘永泰面临了一个大难题——"个转企"。当年春，商务部在杭州召集老字号企业开会。会上，潘文彪从商务部副部长手里接过写着"中华老字号"的金字招牌。他激动不已，同时也意识到，国内的老字号，其中个体户不多，大家都面临着各式各样的困境，都在想方设法做大做好。

　　于是77岁的潘文彪想通了，他不再固守个体户经营的想法，而是决心办一家企业，让棉花店传承下去。"我健在的时候办个企业，留给后代也好，留给社会也好，别让祖上的这门手艺失传，把'潘永泰'的金字招牌继承下去。"

　　有了统一意见，潘肃剑就开始行动了。他注销了店里原本的个体营业执照，兴冲冲地开始申办有限责任公司。不过没想到，老房子是私房，房屋产权性质为

潘永泰弹棉花店

住宅，而申办企业需要非住宅房产证，申办工作"卡壳"了。按规定，如果想恢复个体营业执照，同样需要非住宅房产证。整个6月，潘肃剑为这事跑断了腿，都快绝望了。"当时为了申办企业而注销了个体营业执照，'潘永泰'这个名字只有六个月的保护期，现在只剩下一个多月了，保护期一过，理论上任何人都可以申请这个老字号了。"

焦头烂额的潘肃剑找到了媒体，这个棉花店转型的难题一经披露，就得到了多方关注。工商局、环保局、清河坊历史街区管委会等多个部门都很关心此事，同意"特事特办"。不过这只是棉花店"个转企"过程中遇到的第一个困难，之后还有许多难题等着潘氏去解决。拿企业名称注册来说，潘氏门店名"潘永泰棉花店"，若将企业注册为"杭州潘永泰棉花有限公司"，就有所偏差，但若注册为"杭州潘永泰棉花店有限公司"，从法律层面又不好说通。潘肃剑为了这一个"店"字，奔波劳碌了好几个月，终于成功地通过了"杭州潘永泰棉花店有限公司"这个名称。这一个字的成功，不仅是老棉花店升级的一次成功，还算是对"老字号"的一种保留吧。

在"个转企"的过程中，还发生了一个有趣的故事：个体户转企业后，公司注册资本50万元，其中法人潘文彪出资25万元，占50%；儿子潘肃剑出资15万元，占30%；孙子潘旭梁出资10万元，占20%。而当时潘家还需要一定的贷款支持，这时中国建设银行想要出来帮助他们，却被老潘一次次拒绝。建设银行在惠民路有一家支行，距离河坊街113号的棉花店500米左右。当时银行信贷员工为了说服潘文彪接受银行的好意，将这区区几百米路不知踏过了多少遍。

潘永泰掌门人潘文彪却一直不愿放下戒心，很明确地表示不能够接受。不过信贷人员并不气馁，为了支持老字号发展，他们做了充分准备。在充分了解潘永泰历史沿革以及现在面临的问题后，建行人员仍不辞辛劳地一趟趟往棉花店跑，为了拉近双方的距离，建行还提出："以后你来银行里都不用排队伍了。"或许是感受到了工作人员的诚意，或许是无奈于商铺发展的困境，潘文彪终于放下了心防，开始说起了自己的过往以及往后发展的思路。语罢，他告诉银行的人，现在儿子潘肃剑是棉花店的代理人，你们去找他谈谈看吧。

其实，"知父莫若子"，潘肃剑很明白父亲在担忧什么。从2008年金融危机开始那年，就不断有萧山、绍兴的纺织企业寻上门来游说潘文彪"合作"，商标转让、合作、股份、床上用品转让租赁，形式五花八门，只要潘家同意，任何形式都行。潘肃剑的原则是，只要对方一开口"谈钞票"，统统免谈。但这一回是不一样的，上门来的是一家银行，而且还是国有银行。

潘肃剑一面做父亲的工作，一面和银行商谈。与此同时，吴山支行为潘永泰棉花店设计了切实可行的服务方案。于是，2012年12月底，潘永泰棉花店获得了10万元的信用贷款，成为建行杭州地区首例支持"个转企"的小微企业。

三、泪光中的坚守

对棉花店未来的发展，潘氏有过多种考虑。其中之一便是商业价值很好的出租业务。杭城河坊街，可谓寸土寸金，从来都有许多生意人争相抢夺，所以从进入新时代以来，很多人都曾找上门来与潘氏谈合作，甚者更是开出了一年55万元的店铺租金。不过这条路子在潘文彪这里画上了句号，头发花白、裤腿满是棉絮的潘文彪坚持认为："赚多赚少不要紧，最重要的是能守住这个家业。"

另一条经营路子便是现在流行的开网店。当时有许多人来问潘家是否有淘宝店铺，对面卖食品的张老板就开起了网店，而且生意不错。对此，潘文彪有自己的考量，虽然开网店是个不错的选择，但考虑到棉花店的情况，他还是摇摇头否决了这个提案："做不过来的，店里的小工要三年后满师才能做棉胎。我们要保证质量。我有一份责任，棉花胎自古流传下来，我们潘家已经传了三辈了。"

即便现在店铺已经转型为企业，也成了银行资助的老字号，不过人手不足始终是挥之不去的一大难题。"现在工人很难招，以前我们从老家温州带，现在要出很高的工钱才请得起人。如果招安徽、四川的人，没几个月就走了。"况且，能耐得住性子，专注于弹棉花技艺的人是少之又少，即使花了大工钱招到人，不能安心地守住弹棉工艺，也是意义不大。

如此看来，潘永泰棉花店的未来发展似乎十分迷茫。对于下一代继承人来说，祖辈的坚守、现实的诱惑，始终像两把钩子不断拉扯着他。当祖辈的家业传到你这里，接还是不接？怎么个接法？是该坚守祖业世代相承的初心，还是该迎合现实需求将商铺出租？作为传统手工艺的后人，潘氏后人进退两难。

当社会在呼吁留住传统手艺的时候，却很少有人能真正体会到手艺人的尴尬处境。我们现在已经进入了工业化社会，潘家的棉花店是手工业作坊，32道工序，潘家姐弟都会，但要像父辈那样守着一个铺子，一床4斤重的被子卖200元，一天翻6床棉被，怎么够撑起一个家呢？当那些商人上门来谈合作，面对坐坐就能收上百万的租金诱惑，当代传人的内心是无法平静的。这是一种泛着泪光的坚守。

　　其实在杭州传统手工艺界中，潘永泰已经展示出了绝对顽强的韧性和足够的勇气。它是现在杭州唯一且最后一家弹棉花作坊，已经走过百年风霜，前路也未必一帆风顺。对于这样一家令人钦佩的百年老字号，虽然我们会替其担忧，但同时也应该充满信心，对未来仍应存有希冀。

图书在版编目（CIP）数据

一程水路一程货 / 王露著. -- 杭州 ：杭州出版社，
2021.10
　（杭州河道老字号系列丛书）
　ISBN 978-7-5565-1372-7

　Ⅰ．①一… Ⅱ．①王… Ⅲ．①城市－河道－史料－杭
州②老字号－史料－杭州 Ⅳ．①TV147②F279.275.51

　中国版本图书馆CIP数据核字（2020）第205977号

Yicheng Shuilu Yicheng Huo
一程水路一程货
王　露　著

责任编辑　沈　倩
文字编辑　林小慧
封面设计　章雨洁
出版发行　杭州出版社（杭州市西湖文化广场32号）
　　　　　电话：0571-87997719　邮编：310014
　　　　　网址：www.hzcbs.com
排　　版　杭州真凯文化艺术有限公司
印　　刷　浙江全能工艺美术印刷有限公司
经　　销　新华书店
开　　本　710mm×1000mm　1/16
字　　数　252千
印　　张　13.25
版 印 次　2021年10月第1版　2021年10月第1次印刷
书　　号　ISBN 978-7-5565-1372-7
定　　价　58.00元

《杭州全书》

"存史、释义、资政、育人"
全方位、多角度地展示杭州的前世今生

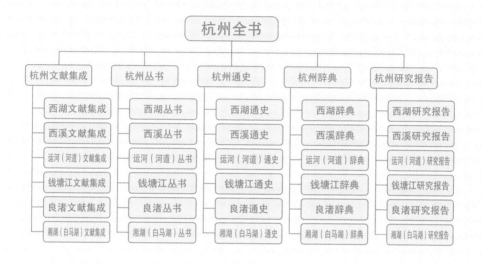

《杭州全书》已出版书目

文献集成

杭州文献集成

1.《武林掌故丛编（第 1—13 册）》（杭州出版社 2013 年出版）
2.《武林往哲遗著（第 14—22 册）》（杭州出版社 2013 年出版）
3.《武林坊巷志（第 23—30 册）》（浙江人民出版社 2015 年出版）
4.《吴越史著丛编（第 31—32 册）》（浙江古籍出版社 2017 年出版）
5.《咸淳临安志（第 41—42 册）》（浙江古籍出版社 2017 年出版）

西湖文献集成

1.《正史及全国地理志等中的西湖史料专辑》（杭州出版社 2004 年出版）
2.《宋代史志西湖文献专辑》（杭州出版社 2004 年出版）
3.《明代史志西湖文献专辑》（杭州出版社 2004 年出版）
4.《清代史志西湖文献专辑一》（杭州出版社 2004 年出版）
5.《清代史志西湖文献专辑二》（杭州出版社 2004 年出版）
6.《清代史志西湖文献专辑三》（杭州出版社 2004 年出版）
7.《清代史志西湖文献专辑四》（杭州出版社 2004 年出版）
8.《清代史志西湖文献专辑五》（杭州出版社 2004 年出版）
9.《清代史志西湖文献专辑六》（杭州出版社 2004 年出版）
10.《民国史志西湖文献专辑一》（杭州出版社 2004 年出版）
11.《民国史志西湖文献专辑二》（杭州出版社 2004 年出版）
12.《中华人民共和国成立 50 年以来西湖重要文献专辑》
（杭州出版社 2004 年出版）
13.《历代西湖文选专辑》（杭州出版社 2004 年出版）
14.《历代西湖文选散文专辑》（杭州出版社 2004 年出版）

15.《雷峰塔专辑》（杭州出版社 2004 年出版）

16.《西湖博览会专辑一》（杭州出版社 2004 年出版）

17.《西湖博览会专辑二》（杭州出版社 2004 年出版）

18.《西溪专辑》（杭州出版社 2004 年出版）

19.《西湖风俗专辑》（杭州出版社 2004 年出版）

20.《书院·文澜阁·西泠印社专辑》（杭州出版社 2004 年出版）

21.《西湖山水志专辑》（杭州出版社 2004 年出版）

22.《西湖寺观志专辑一》（杭州出版社 2004 年出版）

23.《西湖寺观志专辑二》（杭州出版社 2004 年出版）

24.《西湖寺观志专辑三》（杭州出版社 2004 年出版）

25.《西湖祠庙志专辑》（杭州出版社 2004 年出版）

26.《西湖诗词曲赋楹联专辑一》（杭州出版社 2004 年出版）

27.《西湖诗词曲赋楹联专辑二》（杭州出版社 2004 年出版）

28.《西湖小说专辑一》（杭州出版社 2004 年出版）

29.《西湖小说专辑二》（杭州出版社 2004 年出版）

30.《海外西湖史料专辑》（杭州出版社 2004 年出版）

31.《清代西湖史料》（杭州出版社 2013 年出版）

32.《民国西湖史料一》（杭州出版社 2013 年出版）

33.《民国西湖史料二》（杭州出版社 2013 年出版）

34.《西湖寺观史料一》（杭州出版社 2013 年出版）

35.《西湖寺观史料二》（杭州出版社 2013 年出版）

36.《西湖博览会史料一》（杭州出版社 2013 年出版）

37.《西湖博览会史料二》（杭州出版社 2013 年出版）

38.《西湖博览会史料三》（杭州出版社 2013 年出版）

39.《西湖博览会史料四》（杭州出版社 2013 年出版）

40.《西湖博览会史料五》（杭州出版社 2013 年出版）

41.《明清西湖史料》（杭州出版社 2015 年出版）

42.《民国西湖史料（一）》（杭州出版社 2015 年出版）

43.《民国西湖史料（二）》（杭州出版社 2015 年出版）

44.《西湖书院史料（一）》（杭州出版社 2016 年出版）

45.《西湖书院史料（二）》（杭州出版社 2016 年出版）

46.《西湖戏曲史料》（杭州出版社 2016 年出版）

47.《西湖诗词史料》（杭州出版社 2016 年出版）

48.《西湖小说史料（一）》（杭州出版社 2016 年出版）

49.《西湖小说史料（二）》（杭州出版社 2016 年出版）

50.《西湖小说史料（三）》（杭州出版社 2016 年出版）

西溪文献集成

1.《西溪地理史料》（杭州出版社 2016 年出版）

2.《西溪洪氏、沈氏家族史料》（杭州出版社 2015 年出版）

3.《西溪丁氏家族史料》（杭州出版社 2015 年出版）

4.《西溪两浙词人祠堂·蕉园诗社史料》（杭州出版社 2016 年出版）

5.《西溪蒋氏家族、其他人物史料》（杭州出版社 2017 年出版）

6.《西溪诗词》（杭州出版社 2017 年出版）

7.《西溪文选》（杭州出版社 2016 年出版）

8.《西溪文物图录·书画金石》（杭州出版社 2016 年出版）

9.《西溪宗教史料》（杭州出版社 2016 年出版）

运河（河道）文献集成

1.《杭州运河（河道）文献集成（第 1 册）》（浙江古籍出版社 2018 年出版）

2.《杭州运河（河道）文献集成（第 2 册）》（浙江古籍出版社 2018 年出版）

3.《杭州运河（河道）文献集成（第 3 册）》（浙江古籍出版社 2018 年出版）

4.《杭州运河（河道）文献集成（第 4 册）》（浙江古籍出版社 2018 年出版）

钱塘江文献集成

1.《钱塘江海塘史料（一）》（杭州出版社 2014 年出版）

2.《钱塘江海塘史料（二）》（杭州出版社 2014 年出版）

3.《钱塘江海塘史料（三）》（杭州出版社 2014 年出版）

4.《钱塘江海塘史料（四）》（杭州出版社 2014 年出版）

5.《钱塘江海塘史料（五）》（杭州出版社 2014 年出版）

6.《钱塘江海塘史料（六）》（杭州出版社 2014 年出版）

7.《钱塘江海塘史料（七）》（杭州出版社 2014 年出版）

8.《钱塘江潮史料》（杭州出版社 2016 年出版）

9.《钱塘江大桥史料（一）》（杭州出版社 2015 年出版）

10.《钱塘江大桥史料（二）》（杭州出版社 2015 年出版）

11.《钱塘江大桥史料（三）》（杭州出版社 2017 年出版）

12.《海宁专辑（一）》（杭州出版社 2015 年出版）

13.《海宁专辑（二）》（杭州出版社 2015 年出版）

14.《钱塘江史书史料（一）》（杭州出版社 2016 年出版）

15.《城区专辑》（杭州出版社 2016 年出版）

16.《之江大学专辑》（杭州出版社 2016 年出版）

17.《钱塘江小说史料》（杭州出版社 2016 年出版）

18.《钱塘江诗词史料》（杭州出版社 2016 年出版）

19.《富春江、萧山专辑》（杭州出版社 2017 年出版）

20.《钱塘江文论史料（二）》（杭州出版社 2017 年出版）

21.《钱塘江文论史料（三）》（杭州出版社 2017 年出版）

22.《钱塘江文论史料（四）》（杭州出版社 2017 年出版）

23.《钱塘江水产史料》（杭州出版社 2017 年出版）

余杭文献集成

《余杭历代人物碑传集（上下）》（浙江古籍出版社 2019 年出版）

湘湖（白马湖）文献集成

1.《湘湖水利文献专辑（上下）》（杭州出版社 2013 年出版）

2.《民国时期湘湖建设文献专辑》（杭州出版社 2014 年出版）

3.《历代史志湘湖文献专辑》（杭州出版社 2015 年出版）

丛　书

杭州丛书

1.《钱塘楹联集锦》（杭州出版社 2013 年出版）

2.《艮山门外话桑麻（上下）》（杭州出版社 2013 年出版）

3.《钱塘拾遗（上下）》（杭州出版社 2014 年出版）

4.《说杭州（上下）》（浙江古籍出版社 2016 年出版）

5.《钱塘自古繁华——杭州城市词赏析》（浙江古籍出版社 2017 年出版）

西湖丛书

1.《西溪》（杭州出版社 2004 年出版）

2.《灵隐寺》（杭州出版社 2004 年出版）

3.《北山街》（杭州出版社 2004 年出版）

4.《西湖风俗》（杭州出版社 2004 年出版）

5.《于谦祠墓》（杭州出版社 2004 年出版）

6.《西湖美景》（杭州出版社 2004 年出版）

7.《西湖博览会》（杭州出版社 2004 年出版）

8.《西湖风情画》（杭州出版社 2004 年出版）

9.《西湖龙井茶》（杭州出版社 2004 年出版）

10.《白居易与西湖》（杭州出版社 2004 年出版）

11.《苏东坡与西湖》（杭州出版社 2004 年出版）

12.《林和靖与西湖》（杭州出版社 2004 年出版）

13.《毛泽东与西湖》（杭州出版社 2004 年出版）

14.《文澜阁与四库全书》（杭州出版社 2004 年出版）

15.《岳飞墓庙》（杭州出版社 2005 年出版）

16.《西湖别墅》（杭州出版社 2005 年出版）

17.《楼外楼》（杭州出版社 2005 年出版）

18.《西泠印社》（杭州出版社 2005 年出版）

19.《西湖楹联》（杭州出版社 2005 年出版）

20.《西湖诗词》（杭州出版社 2005 年出版）

21.《西湖织锦》（杭州出版社 2005 年出版）

22.《西湖老照片》（杭州出版社 2005 年出版）

23.《西湖八十景》（杭州出版社 2005 年出版）

24.《钱镠与西湖》（杭州出版社 2005 年出版）

25.《西湖名人墓葬》（杭州出版社 2005 年出版）

26.《康熙、乾隆两帝与西湖》（杭州出版社 2005 年出版）

27.《西湖造像》（杭州出版社 2006 年出版）

28.《西湖史话》（杭州出版社 2006 年出版）

29.《西湖戏曲》（杭州出版社 2006 年出版）

30.《西湖地名》（杭州出版社 2006 年出版）

31.《胡庆余堂》（杭州出版社 2006 年出版）

32.《西湖之谜》（杭州出版社 2006 年出版）

33.《西湖传说》（杭州出版社 2006 年出版）

34.《西湖游船》（杭州出版社 2006 年出版）

35.《洪昇与西湖》（杭州出版社 2006 年出版）

36.《高僧与西湖》（杭州出版社 2006 年出版）

37.《周恩来与西湖》（杭州出版社 2006 年出版）

38.《西湖老明信片》（杭州出版社 2006 年出版）

39.《西湖匾额》（杭州出版社 2007 年出版）

40.《西湖小品》（杭州出版社 2007 年出版）

41.《西湖游艺》（杭州出版社 2007 年出版）

西溪丛书

11.《西溪的桥》（杭州出版社 2012 年出版）

12.《西溪游记》（杭州出版社 2012 年出版）

13.《西溪丛语》（杭州出版社 2012 年出版）

14.《西溪画寻》（杭州出版社 2012 年出版）

15.《西溪民俗》（杭州出版社 2012 年出版）

16.《西溪雅士》（杭州出版社 2012 年出版）

17.《西溪望族》（杭州出版社 2012 年出版）

18.《西溪的物产》（杭州出版社 2012 年出版）

19.《西溪与越剧》（杭州出版社 2012 年出版）

20.《西溪医药文化》（杭州出版社 2012 年出版）

21.《西溪民间风情》（杭州出版社 2012 年出版）

22.《西溪民间故事》（杭州出版社 2012 年出版）

23.《西溪民间工艺》（杭州出版社 2012 年出版）

24.《西溪古镇古村落》（杭州出版社 2012 年出版）

25.《西溪的历史建筑》（杭州出版社 2012 年出版）

26.《西溪的宗教文化》（杭州出版社 2012 年出版）

27.《西溪与蕉园诗社》（杭州出版社 2012 年出版）

28.《西溪集古楹联匾额》（杭州出版社 2012 年出版）

29.《西溪蒋坦与〈秋灯琐忆〉》（杭州出版社 2012 年出版）

30.《西溪名人》（杭州出版社 2013 年出版）

31.《西溪隐红》（杭州出版社 2013 年出版）

32.《西溪留下》（杭州出版社 2013 年出版）

33.《西溪山坞》（杭州出版社 2013 年出版）

34.《西溪揽胜》（杭州出版社 2013 年出版）

35.《西溪与水浒》（杭州出版社 2013 年出版）

36.《西溪诗词选注》（杭州出版社 2013 年出版）

37.《西溪地名揽萃》（杭州出版社 2013 年出版）

38.《西溪的龙舟胜会》（杭州出版社 2013 年出版）

39.《西溪民间语言趣谈》（杭州出版社 2013 年出版）

40.《西溪新吟》（浙江人民出版社 2016 年出版）

41.《西溪商贸》（浙江人民出版社 2016 年出版）

42.《西溪原住民记影》（浙江人民出版社 2016 年出版）

43.《西溪创意产业园》（浙江人民出版社 2016 年出版）

44.《西溪渔文化》（浙江人民出版社 2016 年出版）

45.《西溪旧影》（浙江人民出版社 2016 年出版）

46.《西溪洪氏》（浙江人民出版社 2016 年出版）

47.《西溪的美食文化》（浙江人民出版社 2016 年出版）

48.《西溪节日文化》（浙江人民出版社 2016 年出版）

49.《千年古刹——永兴寺》（浙江人民出版社 2017 年出版）

50.《自画西溪旧事》（杭州出版社 2018 年出版）

51.《西溪民间武术》（杭州出版社 2018 年出版）

52.《西溪心影》（杭州出版社 2018 年出版）

53.《西溪教育偶拾》（浙江人民出版社 2019 年出版）

54.《西溪湿地原住民口述史》（杭州出版社 2019 年出版）

55.《西溪花语》（杭州出版社 2019 年出版）

56.《廿四节气里的西溪韵味》（杭州出版社 2019 年出版）

57.《名人与西溪·漫游篇》（浙江人民出版社 2019 年出版）

58.《名人与西溪·世家篇》（浙江人民出版社 2019 年出版）

59.《名人与西溪·梵隐篇》（浙江人民出版社 2019 年出版）

60.《名人与西溪·乡贤篇》（浙江人民出版社 2019 年出版）

61.《名人与西溪·文苑篇》（浙江人民出版社 2019 年出版）

运河（河道）丛书

1.《杭州运河风俗》（杭州出版社 2006 年出版）

2.《杭州运河遗韵》（杭州出版社 2006 年出版）

3.《杭州运河文献（上下）》（杭州出版社 2006 年出版）

4.《京杭大运河图说》（杭州出版社 2006 年出版）

5.《杭州运河历史研究》（杭州出版社 2006 年出版）

6.《杭州运河桥船码头》（杭州出版社 2006 年出版）

7.《杭州运河古诗词选评》（杭州出版社 2006 年出版）

8.《走近大运河·散文诗歌卷》（杭州出版社 2006 年出版）

9.《走近大运河·游记文学卷》（杭州出版社 2006 年出版）

10.《走近大运河·纪实文学卷》（杭州出版社 2006 年出版）

11.《走近大运河·传说故事卷》（杭州出版社 2006 年出版）

12.《走近大运河·美术摄影书法采风作品集》（杭州出版社 2006 年出版）

13.《杭州运河治理》（杭州出版社 2013 年出版）

14.《杭州运河新貌》（杭州出版社 2013 年出版）

15.《杭州运河歌谣》（杭州出版社 2013 年出版）

16.《杭州运河戏曲》（杭州出版社 2013 年出版）

17.《杭州运河集市》（杭州出版社 2013 年出版）

18.《杭州运河桥梁》（杭州出版社 2013 年出版）

钱塘江丛书

3.《钱塘江金融文化》（杭州出版社 2013 年出版）

4.《钱塘江医药文化》（杭州出版社 2013 年出版）

5.《钱塘江历史建筑》（杭州出版社 2013 年出版）

6.《钱塘江古镇梅城》（杭州出版社 2013 年出版）

7.《茅以升和钱塘江大桥》（杭州出版社 2013 年出版）

8.《古邑分水》（杭州出版社 2013 年出版）

9.《孙权故里》（杭州出版社 2013 年出版）

10.《钱塘江风光》（杭州出版社 2013 年出版）

11.《钱塘江戏曲》（杭州出版社 2013 年出版）

12.《钱塘江风俗》（杭州出版社 2013 年出版）

13.《淳安千岛湖》（杭州出版社 2013 年出版）

14.《钱塘江航运》（杭州出版社 2013 年出版）

15.《钱塘江旧影》（杭州出版社 2013 年出版）

16.《钱塘江水电站》（杭州出版社 2013 年出版）

17.《钱塘江水上运动》（杭州出版社 2013 年出版）

18.《钱塘江民间工艺美术》（杭州出版社 2013 年出版）

19.《黄公望与〈富春山居图〉》（杭州出版社 2013 年出版）

20.《钱江梵影》（杭州出版社 2014 年出版）

21.《严光与严子陵钓台》（杭州出版社 2014 年出版）

22.《钱塘江史话》（杭州出版社 2014 年出版）

23.《桐君山》（杭州出版社 2014 年出版）

24.《钱塘江藏书与刻书文化》（杭州出版社 2014 年出版）

25.《外国人眼中的钱塘江》（杭州出版社 2014 年出版）

26.《钱塘江绘画》（杭州出版社 2014 年出版）

27.《钱塘江饮食》（杭州出版社 2014 年出版）

28.《钱塘江游记》（杭州出版社 2014 年出版）

29.《钱塘江茶史》（杭州出版社 2015 年出版）

30.《钱江潮与弄潮儿》（杭州出版社 2015 年出版）

31.《之江大学史》（杭州出版社 2015 年出版）

32.《钱塘江方言》（杭州出版社 2015 年出版）

33.《钱塘江船舶》（杭州出版社 2017 年出版）

34.《城·水·光·影——杭州钱江新城亮灯工程》（杭州出版社 2018 年出版）

良渚丛书

1.《神巫的世界》（杭州出版社 2013 年出版）
2.《纹饰的秘密》（杭州出版社 2013 年出版）
3.《玉器的故事》（杭州出版社 2013 年出版）
4.《从村居到王城》（杭州出版社 2013 年出版）
5.《良渚人的衣食》（杭州出版社 2013 年出版）
6.《良渚文明的圣地》（杭州出版社 2013 年出版）
7.《神人兽面的真像》（杭州出版社 2013 年出版）
8.《良渚文化发现人施昕更》（杭州出版社 2013 年出版）
9.《良渚文化的古环境》（杭州出版社 2014 年出版）
10.《良渚文化的水井》（浙江古籍出版社 2015 年出版）

余杭丛书

1.《品味塘栖》（浙江古籍出版社 2015 年出版）
2.《吃在塘栖》（浙江古籍出版社 2016 年出版）
3.《塘栖蜜饯》（浙江古籍出版社 2017 年出版）
4.《村落拾遗》（浙江古籍出版社 2017 年出版）
5.《余杭老古话》（浙江古籍出版社 2018 年出版）
6.《传说塘栖》（浙江古籍出版社 2019 年出版）
7.《余杭奇人陈元赟》（浙江古籍出版社 2019 年出版）

湘湖（白马湖）丛书

1.《湘湖史话》（杭州出版社 2013 年出版）
2.《湘湖传说》（杭州出版社 2013 年出版）
3.《东方文化园》（杭州出版社 2013 年出版）
4.《任伯年评传》（杭州出版社 2013 年出版）
5.《湘湖风俗》（杭州出版社 2013 年出版）
6.《一代名幕汪辉祖》（杭州出版社 2014 年出版）
7.《湘湖诗韵》（浙江古籍出版社 2014 年出版）
8.《白马湖诗词》（西泠印社出版社 2014 年出版）
9.《白马湖传说》（西泠印社出版社 2014 年出版）
10.《画韵湘湖》（浙江摄影出版社 2015 年出版）
11.《湘湖人物》（浙江古籍出版社 2015 年出版）
12.《白马湖俗语》（西泠印社出版社 2015 年出版）

13.《湘湖楹联》（杭州出版社 2016 年出版）

14.《湘湖诗词（上下）》（杭州出版社 2016 年出版）

15.《湘湖物产》（浙江古籍出版社 2016 年出版）

16.《湘湖故事新编》（浙江人民出版社 2016 年出版）

17.《白马湖风物》（西泠印社出版社 2016 年出版）

18.《湘湖记忆》（杭州出版社 2016 年出版）

19.《湘湖民间文化遗存》（西泠印社出版社 2016 年出版）

20.《汪辉祖家训》（杭州出版社 2017 年出版）

21.《诗狂贺知章》（浙江人民出版社 2017 年出版）

22.《西兴史迹寻踪》（西泠印社出版社 2017 年出版）

23.《来氏与九厅十三堂》（西泠印社出版社 2017 年出版）

24.《白马湖楹联碑记》（西泠印社出版社 2017 年出版）

25.《湘湖新咏》（西泠印社出版社 2017 年出版）

26.《湘湖之谜》（浙江人民出版社 2017 年出版）

27.《长河史迹寻踪》（西泠印社出版社 2017 年出版）

28.《湘湖宗谱与宗祠》（杭州出版社 2018 年出版）

29.《毛奇龄与湘湖》（浙江人民出版社 2018 年出版）

30.《湘湖图说》（浙江人民出版社 2018 年出版）

研究报告

杭州研究报告

1.《金砖四城——杭州都市经济圈解析》（杭州出版社 2013 年出版）

2.《民间文化杭州论稿》（杭州出版社 2013 年出版）

3.《杭州方言与宋室南迁》（杭州出版社 2013 年出版）

4.《一座城市的味觉遗香——杭州饮食文化遗产研究》（浙江古籍出版社 2018 年出版）

西湖研究报告

《西湖景观题名文化研究》（杭州出版社 2016 年出版）

西溪研究报告

1. 《西溪研究报告（一）》（杭州出版社 2016 年出版）
2. 《西溪研究报告（二）》（杭州出版社 2017 年出版）
3. 《湿地保护与利用的"西溪模式"——城市管理者培训特色教材·西溪篇》（杭州出版社 2017 年出版）
4. 《西溪专题史研究》（杭州出版社 2018 年出版）
5. 《西溪历史文化景观研究》（杭州出版社 2019 年出版）

运河（河道）研究报告

1. 《杭州河道研究报告（一）》（浙江古籍出版社 2015 年出版）
2. 《中国大运河保护与利用的杭州模式——城市管理者培训特色教材·运河篇》（杭州出版社 2018 年出版）
3. 《杭州河道有机更新实践创新与经验启示——城市管理者培训特色教材·河道篇》（杭州出版社 2019 年出版）

钱塘江研究报告

《钱塘江研究报告（一）》（杭州出版社 2013 年出版）

良渚研究报告

《良渚古城墙铺垫石研究报告》（浙江古籍出版社 2018 年出版）

余杭研究报告

1. 《慧焰薪传——径山禅茶文化研究》（杭州出版社 2014 年出版）
2. 《沈括研究》（浙江古籍出版社 2016 年出版）

湘湖（白马湖）研究报告

1. 《九个世纪的嬗变——中国·杭州湘湖开筑 900 周年学术论坛文集》（浙江古籍出版社 2014 年出版）
2. 《湘湖保护与开发研究报告（一）》（杭州出版社 2015 年出版）
3. 《湘湖文化保护与旅游开发研讨会论文集》（浙江古籍出版社 2015 年出版）

4.《湘湖战略定位与保护发展对策研究》（浙江古籍出版社 2016 年出版）

5.《湘湖金融历史文化研究文集》（浙江人民出版社 2016 年出版）

6.《湘湖综合保护与开发：经验·历程·启示——城市管理者培训特色教材·湘湖篇》（杭州出版社 2018 年出版）

7.《杨时与湘湖研究文集》（浙江人民出版社 2018 年出版）

8.《湘湖研究论文专辑》（杭州出版社 2018 年出版）

9.《湘湖历史文化调查报告（上下）》（杭州出版社 2018 年出版）

10.《湘湖（白马湖）专题史（上下）》（浙江人民出版社 2019 年出版）

南宋史研究丛书

1.《南宋史研究论丛（上下）》（杭州出版社 2008 年出版）

2.《朱熹研究》（人民出版社 2008 年出版）

3.《叶适研究》（人民出版社 2008 年出版）

4.《陆游研究》（人民出版社 2008 年出版）

5.《马扩研究》（人民出版社 2008 年出版）

6.《岳飞研究》（人民出版社 2008 年出版）

7.《秦桧研究》（人民出版社 2008 年出版）

8.《宋理宗研究》（人民出版社 2008 年出版）

9.《文天祥研究》（人民出版社 2008 年出版）

10.《辛弃疾研究》（人民出版社 2008 年出版）

11.《陆九渊研究》（人民出版社 2008 年出版）

12.《南宋官窑》（杭州出版社 2008 年出版）

13.《南宋临安城考古》（杭州出版社 2008 年出版）

14.《南宋临安典籍文化》（杭州出版社 2008 年出版）

15.《南宋都城临安》（杭州出版社 2008 年出版）

16.《南宋史学史》（人民出版社 2008 年出版）

17.《南宋宗教史》（人民出版社 2008 年出版）

18.《南宋政治史》（人民出版社 2008 年出版）

19.《南宋人口史》（上海古籍出版社 2008 年出版）

20.《南宋交通史》（上海古籍出版社 2008 年出版）

21.《南宋教育史》（上海古籍出版社 2008 年出版）

22.《南宋思想史》（上海古籍出版社 2008 年出版）

23.《南宋军事史》（上海古籍出版社 2008 年出版）

24.《南宋手工业史》（上海古籍出版社 2008 年出版）

25.《南宋绘画史》（上海古籍出版社 2008 年出版）

南宋研究报告

2.《南北融合：两宋与"一带一路"建设研究》（杭州出版社 2018 年出版）

通　史

西溪通史

《西溪通史（全三卷）》（杭州出版社 2017 年出版）

杭 | 州 | 全 | 书